功能材料填充型微结构光纤的设计及应用研究

王新宇　著

东北大学出版社

·沈　阳·

图书在版编目（CIP）数据

功能材料填充型微结构光纤的设计及应用研究 / 王
新宇著. -- 沈阳：东北大学出版社，2024. 12.
ISBN 978-7-5517-3701-2

Ⅰ. TQ342

中国国家版本馆 CIP 数据核字第 202538SP94 号

内容简介

微结构光纤及其光子器件是目前光电子领域的研究热点之一，灵活的结构设计使得微结构光纤在色散、损耗、偏振以及模式控制等方面具有传统光纤所无法比拟的优势，通过填充功能材料可以进一步提升微结构光纤的性能并扩展其应用范围。本书分为6章。第1章是绪论。第2章介绍了微结构光纤的传输理论和研究方法。第3章是基于模式耦合理论的双芯微结构光纤偏振分束器研究，讨论了光纤几何参数对模式特性的影响机制。第4章是基于表面等离子体共振效应的金填充型单芯微结构光纤偏振滤波器研究，讨论了纤芯模式和表面等离子体共振模式的有效折射率、限制损耗以及光纤几何参数对曲线交叉点和共振峰的调控作用。第5章是基于表面等离子体共振效应的微结构光纤传感器研究，获得了同时具有偏振滤波和温度传感性能的集成器件。第6章是基于拉曼散射效应的完全填充型负曲率反谐振微结构光纤的传感特性研究，揭示了利用微结构光纤作为光与物质相互作用平台的明显优势和潜在价值。

本书全面、系统地展示了功能材料填充型微结构光纤设计及其光子器件的应用研究和新成果，具有完整性、实用性和学术性，非常适合我国光电子、光学工程、电子信息和仪器科学等领域的教学、科研工作和工程应用参考。

出 版 者：东北大学出版社
　　　　　地址：沈阳市和平区文化路三号巷11号
　　　　　邮编：110819
　　　　　电话：024-83683655（总编室）
　　　　　　　　024-83687331（营销部）
　　　　　网址：http://press.neu.edu.cn
印 刷 者：辽宁虎驰科技传媒有限公司
发 行 者：东北大学出版社
幅面尺寸：170 mm×240 mm
印　　张：11.25
字　　数：200千字
出版时间：2024年12月第1版
印刷时间：2024年12月第1次印刷
策划编辑：汪子珺
责任编辑：项　阳
责任校对：汪子珺
封面设计：潘正一
责任出版：初　茗

ISBN　978-7-5517-3701-2　　　　　　　　定价：68.00元

前　言

　　20 世纪 60 年代，被誉为"光纤之父"的华裔物理学家高锟博士首次提出了光导纤维（简称"光纤"）的概念，开创性地阐述了光纤在通信系统中的巨大应用潜力和价值。随后，美国康宁（Corning）公司于 1970 年成功拉制出损耗指标低至 20 dB/km 的石英光纤，第一次实现了光在光纤中的远距离传输。这不仅进一步证明了光纤是光信号的良好载体，更使人们看到了利用光子技术来解决电子技术瓶颈问题的希望。自此，一场关于光纤通信的革命在全世界范围内掀起，光纤逐渐进入人们的视野并开始渗透到日常生产和生活中。传统光纤是由简单的实芯和包层组成的圆柱形波导结构，与普通的同轴线缆相比，其具有传输容量大、传输距离长、衰减少、体积小、质量小且抗电磁干扰等诸多优势中，这使其以不可阻挡之势迅速渗透到通信和传感领域。然而，在传统光纤工艺水平不断成熟和应用范围逐步扩大的同时，人们对其性能也提出了更高的需求。为规避材料本身固有的非线性、色散、光照损伤以及结构单一等限制其长足发展的制约因素，各国学者开始致力于新型结构光纤的设计与研究，旨在为高功率激光光学、非线性光学、量子光学、光学传感和光纤通信等领域提供更加理想和便利的媒介。

　　得益于 Yablonovitch 和 John 两人在 1987 年分别独立提出的"光子晶体"（photonic crystal）的概念，英国巴斯大学的 Russell 团队于 1992 年提出了"多孔"（holey）光子晶体光纤［又称"微结构光纤"（microstructured optical fibers，MOFs）］的设想，英国南安普顿大学的 Knight 等人于 1996 年成功拉制出第一根成品。自此以后，微结构光纤技术不断取得突破性进展，为光纤在通信、传感和光学成像等领域的研究带来了新的契机。

　　在对微结构光纤进行探索的历史长河中，基础设计环节和后处理技术凸显了重要的地位。与传统光纤相比，微结构光纤所具有的独特的包层空气孔排列结构，不仅为光在波导中的传输提供了新的导光机制，也为光纤增添了许多奇异特性，更为功能型材料的填充提供了良好平台，同时进一步提高了光学器件的功能多样性和光学集成度。通过灵活地调控包层空气孔的尺寸、形状、方向和位置，或在空气孔中选择性地填充一些功能型材料（如金属、温敏材料、磁流体和有机物等），依据直观的模场分布情况来对光纤的色散、双折射、非线性和有效模场面积等重要特性参数进行宏观调控成为可能。而且，功能型材料与微结构光纤的结合具有设计灵活可靠、光场可调谐和易于集成等潜在优势。研究基于功能材料填充型微结构光纤的优化设计、基本特性和器件性能，有望解决材料单一性对光波导功能限制的瓶颈问题。同时，随着理论分析方法的日益成熟和制造工艺的日趋完善，基于微结构光纤光学器件的研究也逐渐向商用化方向扩展和延伸，为全光纤光学器件的早日投入应用打下了坚实的基础。

　　本书主要以功能材料填充型微结构光纤的特殊几何结构和优良光学特性为基础，结合模式耦合理论（coupled-mode theory，CMT）、表面等离子体共振效应（surface plasmon resonance，SPR）和拉曼散射效应（Raman scattering effect，RSE）等基本光学原理，设计并研究了工程应用中几种典型的光学器件，对偏振分束器、偏振滤波器、温度传感器、折射率传感器和拉曼传感器等光学器件进行全面、深入的阐述。本书在结构上分为 6 章。

　　第 1 章是绪论。首先介绍了微结构光纤的基本分类、传输特性、制备方法，然后对功能材料填充型微结构光纤光学器件应用研究的最新进展进行了综述，并针对传输机理的不同，提出了需要进一步研究的内容。

　　第 2 章是微结构光纤的传输理论和研究方法。本章首先介绍了研究微结构光纤光学特性时常用的基本原理，包括光纤的传输机制和光在微结构光波导中的亥姆霍兹方程的推导。其次，给出了几种用于模拟微结构光纤基本光学特性的数值分析方法，并重点描述了本书所采用的有限元法（finite element method，FEM）。最后，阐述了在设计光学器件时需要用到的一些基本原理（包括模式耦合理论、表面等离子体共振效应和拉曼散射效应）及一些基础物理现象的由来、成因和作用机理。

第 3 章是基于模式耦合理论的双芯微结构光纤偏振分束器研究。本章基于模式耦合理论设计了两种双芯微结构光纤偏振分束器；利用有限元法数值模拟了微结构光纤几何参数对模式有效折射率、双折射和限制损耗的影响；根据模式耦合理论分析了光纤中两个正交偏振模态的耦合长度和消光比（extinction ratio，ER）随光纤几何参数和传输波长的变化规律。

第 4 章是基于表面等离子体共振效应的金填充型单芯微结构光纤偏振滤波器研究。本章基于表面等离子体共振原理设计了三种金填充单芯微结构光纤偏振滤波器。通过在微结构光纤某一几何方向的气孔中选择性填充金线或涂覆金膜，可以激发表面等离子体共振效应，利用有限元法数值模拟了微结构光纤纤芯模式和表面等离子体模式的有效折射率、限制损耗以及光纤几何参数对折射率曲线交叉点和损耗特性曲线共振峰的调控作用。

第 5 章是基于表面等离子体共振效应的微结构光纤传感器研究。本章基于具有偏振滤波特性的丙三醇填充金膜涂覆微结构光纤，提出了利用同一根光纤兼容偏振滤波和温度传感性能的设想，通过分别检测 x 和 y 偏振模态在短波长处的损耗峰随温度的变化，得到了一种温度传感器。此外，设计了一种金膜涂覆的侧抛型微结构光纤，分析了侧抛深度、金膜厚度、气孔几何尺寸和分析物折射率对损耗曲线共振峰的幅度以及相应波长的调制作用。

第 6 章是基于拉曼散射效应的完全填充型负曲率反谐振微结构光纤的传感特性研究。本章设计了一种基于液体填充的负曲率反谐振空芯微结构光纤特异性传感检测系统，利用有限元法对该光纤在填充分析物前后的输出特性进行了模拟仿真；基于光作用在分析物上产生的特异性拉曼光谱，并利用空芯光纤具有的低拉曼背景干扰特性，采用后向信号收集方式搭建了一种拉曼传感实验系统；利用该系统测试了向微结构光纤中填充空气、甲醇、乙醇、异丙醇以及一系列低浓度酒精溶液时的拉曼谱，理论与实验的结合验证了该系统在定性和定量检测方面的优势。

本书特色鲜明，主要体现为以下几点：

（1）完整性。内容丰富全面，结构合理，体系完整，对基于功能材料填充型微结构光纤的光学器件应用研究（包括偏振分束器、偏振滤波器、光纤传感器的基本设计、工作原理和性能优化等）进行了全面和系统的介绍。

（2）实用性。结合微结构光纤独特的结构优势，将功能型材料与微结构光纤输出性能的灵活可控性相结合，制备集成性光学器件并给出具体的应用实例，具有很强的实用性。

（3）学术性。本书具有一定的理论高度和学术价值，书中绝大部分内容取材于著者近期在国际、国内高水平学术期刊和重要国际会议上发表的论文，全面展示了大量关于功能材料填充型微结构光纤光学器件应用方面最新的科研成果，具有很高的学术参考价值。

本书适合作为我国信息与通信领域的教学、科研工作和工程应用参考用书，既可供通信、电子、信息、光学工程等相关专业的研究生和大学高年级学生学习使用，也可供从事光纤通信与传感方向研究的科研人员参考。

著者的研究工作得到了河北省自然科学基金青年科学基金项目（A2024501006）、中央高校基本科研业务费专项资金项目（N2123008）、河北省研究生创新资助项目（CXZZBS2018059）、河北省高等教育教学改革研究与实践项目（2022GJJG439）、东北大学秦皇岛分校引进人才科研启动项目（9060211512101）、东北大学秦皇岛分校课程思政示范项目（2022KCSZ-B26）和东北大学秦皇岛分校"全英文"示范课程（2024QYKC-05）立项的资助，在此表示深深的谢意！

由于著者水平所限，加之基于功能材料填充型微结构光纤光学器件的设计及其应用研究仍处于不断深入研究的过程中，新的研究成果不断涌现，书中不足之处在所难免，恳请专家、读者予以指正。

著　者

2024 年 8 月

目 录

第1章 绪 论

第 2 章　微结构光纤的传输理论和研究方法

第5章　基于表面等离子体共振效应的微结构光纤传感器研究

第1章 绪 论

随着信息技术的迅猛发展，尤其是 5G 时代的到来，"网络在手，天下我有"的"一网式"服务已惠及千家万户，通信系统中的数据传输正尝试由单纯依靠电子器件完成信号处理到逐渐开发光学器件来提升信号容量的方向转变。而且，信息的扩容和提速也带动着周边产业链（如人工智能传感、生物医学智能检测、智能勘探等）的协同发展，为人民生活带来了极大的便利。其中，光纤扮演了十分重要的角色，它不仅是光学器件在通信行业中得以广泛应用的重要载体，也在光电子信息传递、波分复用、光学传感、人工智能、生物医学检测等相关领域占有不可撼动的地位。

▶▶ 1.1 微结构光纤简介

微结构光纤又称光子晶体光纤（photonic crystal fibers，PCFs）或多孔光纤（holey fibers，HF），它是由二维方向上紧密排列并且在轴向上无限延伸的一系列具有波长量级的空气孔阵列组成的圆柱形波导结构。事实上，世界上第一根微结构光纤结构诞生于 1974 年，它由一个大尺寸保护套管封装的几根支撑在一块薄板上的小尺寸棒简单组成[1]。随着光子晶体概念的兴起，包层空气孔具有周期性排列特点的光子晶体光纤才开始发展起来并逐渐拥有多种多样的类型。光子晶体结构中的光子和半导体晶格中的电子十分类似，它能使人类像操纵电子那样操纵光子。因此，人们在最初对微结构光纤的特性进行描述时类比了固体物理中的能带理论，如能带结构和光子带隙的概念[2]，这为光子集成电路的产生和全光信息网格的构建奠定了坚实的理论基础，开辟了广阔的应用前景。

随着理论研究体系的不断完善，可将微结构光纤按照导光机制的不同细分为全内反射型（total internal reflection，TIR）、光子带隙型（photonic band-gap，PBG）和反谐振反射型（anti-resonant reflecting optical waveguide，ARROW）三大类。图1.1为这三种微结构光纤的扫描电镜显微图。

（a）全内反射型[3]　　　　　（b）光子带隙型[4]　　　　　（c）反谐振反射型[5]

图1.1　三种典型微结构光纤的扫描电镜图

1996年，英国南安普顿大学的Knight等人率先拉制出第一根全固态全内反射型微结构光纤[3]，又称折射率引导型微结构光纤（index-guiding MOFs）。其纤芯为实芯，包层内分布着按一定方式排列的空气孔阵列，纤芯的折射率比包层的折射率高，光是基于全内反射原理被束缚在纤芯中传播的，这种传导方式与传统光纤类似且对包层空气孔的尺寸要求相对较低。

光子带隙型和反谐振反射型微结构光纤的纤芯部分都由一个较大的空气孔构成，两者有一定的联系，但传输机理不同。它们分别利用光子带隙效应和反谐振反射原理把光限制在折射率比包层低的空气芯区域内，与全内反射型微结构光纤的导光原理有本质上的区别，从某种意义上讲，反谐振反射型微结构光纤是由光子带隙型微结构光纤演变而来的。第一根空芯光子带隙型微结构光纤（PBG-MOFs）诞生于1999年[4]，虽然反谐振反射型光波导的理念早在几十年前就被一些学者所熟知，但基于反谐振反射效应的微结构光纤直到近年来才被大量研究和广泛认可，并取得了可观的成果[5]。有关这三类微结构光纤的传输机理和输出特性的本质区别以及应用范围，本书第2章有更加详细的描述和比较。

此外，微结构光纤还可按照纤芯组成简单地划分为实芯微结构光纤和空芯微结构光纤两大类；按照基底材料的不同划分为石英基微结构光纤、聚合物基微结构光纤以及软玻璃基微结构光纤等；按照纤芯的数量可划分为单芯微结构光纤、双芯微结构光纤和三芯微结构光纤等；按照包层空气孔晶格排列方式的不同划分为四边形结构微结构光纤、六边形结构微结构光纤和八边形结构微结构光纤等。微结构光纤种类的多样性使其在光学及相关领域得到广泛应用，为基于光纤的光学器件的设计和制备带来了技术的革新，开拓了崭新的局面。

▶▶ 1.2　微结构光纤基本特性

微结构光纤几何结构的特殊性和纤芯-包层的高折射率差，使它拥有传统光纤所无法显示的特性，包括无截止单模传输、高双折射、可调的色度色散和高非线性等，这些优越的特性拓展了微结构光纤在光学通信、全光信息处理、超连续谱的产生、光学传感等各种光学领域甚至在军事和医学领域中的应用。通过对包层空气孔结构的灵活设计，能够实现对其光学特性的有效调控，使得按照需求设计和制造特性各异的光学器件成为可能。目前，大批基于新型光纤的光学器件正不断涌现并逐渐渗透到各行各业中，成为促进民用、工商、军事、医疗等领域蓬勃发展的重要力量。

1.2.1　无截止单模传输特性

无截止单模传输特性是指光在微结构光纤里传播的过程中可实现在很宽的频带范围内只传输单一模式的特性。大量的研究结果表明，有望通过适当调节包层空气孔的独特结构来获得无截止单模传输特性。这为光纤在大容量通信中减少串扰（cross talk，CT）和提高信噪比（signal to noise，SNR）提供了有利的依据[6]。

1996 年，Knight 等人发现，光纤在 458～1550 nm 的整段波长范围内可以稳定地、低损耗地只支持一种模式的传输，首次揭示了微结构光纤的无截止单模传输特性[3]。次年，同一研究小组的 Birks 等人通过一种近似方法把这类气孔填充的硅基微结构光纤组成的六角晶格单元近似成圆形，开创性地得出其传导模式的数量和传统光纤相类似，主要取决于正交归一化频率（V）[7]的结论。

2002 年，悉尼大学 Kuhlmey 等人利用多级法（multipole method，MPM）精确地计算了微结构光纤中各模式的限制损耗并分析了其模式截止特性，得出要实现微结构光纤无截止单模传输所对应的结构参数，需满足占空比 $d/\Lambda <$ 0.406（占空比定义为包层空气孔直径 d 与孔间距 Λ 的比值[8]）与光纤的绝对尺寸无关的结论。2003 年，丹麦的 Mortensen 等人根据前人总结的经验，提出应该用孔间距 Λ 这种自然标尺规格来处理决定模式传输数量的 V 值问题，并给出下列公式[9]：

$$V_{\text{eff}} = (2\pi\Lambda/\lambda)\left[n_{\text{c}}^2(\lambda) - n_{\text{cl}}^2(\lambda)\right]^{\frac{1}{2}} \qquad (1.1)$$

式中，　　　　　Λ——光纤包层空气孔之间的距离；

　　　　　　　　λ——自由空间波长；

$n_{\text{c}}^2(\lambda)$，　$n_{\text{cl}}^2(\lambda)$——不同波长下的纤芯和包层的有效折射率。

这里，只需满足 V 值小于 π，就可实现光纤的单模传输。同时，该研究小组还利用全矢量平面波法计算出了不同空气孔直径对应的折射率参数，并将结果与 Kuhlmey 等人的进行比较且发现高度吻合，如图 1.2 所示，进一步证实了这种表述方式的可行性和准确性。

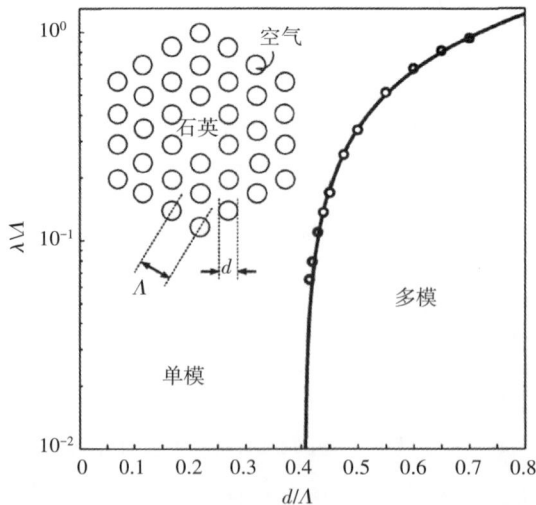

实线表示 Kuhlmey 等人得到的相位边界[8]，圆圈代表 Mortensen 等人计算的满足 $V_{\text{PCF}} = \pi$ 的结果[9]

图 1.2　单模–多模相位图

1.2.2　高双折射特性

传统光纤中的基模是由相互正交的二重简并态构成的，这两个偏振模态间的折射率值相差不大，使得光纤中传输的光在这两个模态间相互耦合的概率很高，容易形成固有的偏振串扰[10]。此外，在拉制工艺中引起的不对称性也会在一定程度上增加耦合概率。为了消除这种不必要的耦合，保偏光纤的概念应运而生。它是一种对线偏光具有优良偏振保持特性的光纤，在光通信及精密光学仪器领域都占有极其重要的地位。传统保偏光纤的形成主要通过在光纤结构中引入缺陷，以破坏基模的二重简并度为目的，形成几何各项异性，人为地增加两个相互垂直偏振态间的折射率差，以减小耦合的可能性，即引起模式双折射效应，且双折射度越高，光纤的保偏性能就越强。但就目前而言，传统保偏光纤仅能获得 10^{-4} 数量级的双折射度，并不能从根本上有效消除偏振模耦合对光学系统带来的负面影响，而微结构光纤所具有的独特的包层空气孔结构为双折射性能的提高带来了新的契机。通过灵活地设计空气孔排列方式或制造纤芯的不对称性，能够得到比普通光纤至少高出 1 个数量级的双折射度。2000 年，英国巴斯大学研究小组的 Blanch 等人以实验为基础报道了微结构光纤中存在高双折射特性，为保偏光纤的设计及其在相干光通信系统方面的应用开辟了新思路[11]。

把相互垂直的两个偏振方向分别定义为 x 和 y，那么，当光在微结构光纤中传输时，它的双折射度 B 可表示为[12]

$$B = \left| \mathrm{Re}(n_{\mathrm{eff},x}) - \mathrm{Re}(n_{\mathrm{eff},y}) \right| \tag{1.2}$$

式中，$n_{\mathrm{eff},x}$，$n_{\mathrm{eff},y}$——沿着相互垂直的两个偏振方向的模式有效折射率；

$\mathrm{Re}(\cdot)$——对折射率取实部。

B 越大，模式间的双折射度就越高，光纤的保偏性能也越好。

近年来，国内外许多学者为了实现具有高双折射特性的高性能光学器件做了大量而系统的工作，致力于提高光纤双折射特性的研究更是层出不穷。2001 年，丹麦科技大学的 Libori 等人分析并比较了光纤本身存在的固有双折射和通过人为方式改变结构一致性所引入的双折射之间的差异，并得到了 10^{-3} 数量级的双折射度[13]。同年，Hansen 等人利用微结构光纤中固有的纤芯-包层折射率差并引入非对称型纤芯结构来实现高双折射效应，同时讨论了在保证光纤具有高双折射特性的基础上满足单模截止传输特性应具备的条件[14]。此后，基于高双折射光纤的应用研究如雨后春笋般相继出现，几种典型的具有高双折射特性的微结构光纤截面图如图 1.3 所示[15]。

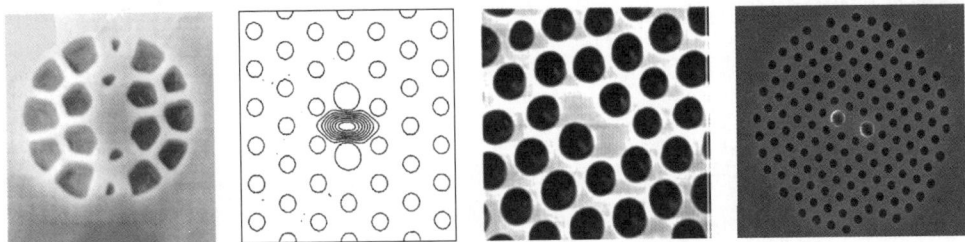

图 1.3　典型的具有高双折射特性的微结构光纤截面图[11,13-15]

1.2.3　色散特性

光纤中传输的光信号具有不同的传播速度，一般含有不同的频率成分或不同的模式分量，所以，光在传输一定距离后会发生群延迟和脉冲展宽的现象，这就是光纤的色散特性。光纤的色散主要包括材料色散和波导色散。材料色散与构成光纤的基底材料直接相关，波导色散受光纤横截面的折射率分布调控。这两种色散都是随着波长而变化的，故统称为色度色散。色散效应对光纤而言具有双面性：一方面，色散与非线性效应的结合能为超连续谱的产生开辟新途径，为全光器件的研究奠定坚实的基础；另一方面，在光纤通信系统中，色散效应的存在会导致信号失真，这显然不利于当今信息高速发展的大环境。摆脱这种制约的方式是采用色散补偿光纤来实现通信系统的远距离传输。色散补偿即利用正常色散或反常色散效应来对光纤自身的色散进行补偿。由此可见，具备灵活控制光纤中色散效应的能力在快速发展的信息化社会显得尤为重要。传统光纤结构单一，若想改变色散效应，需要采取对纤芯进行掺杂的办法，这不仅为光纤制备工艺增加了不必要的难度和成本，而且有限的提升空间也在一定程度上阻碍了光纤通信的长足发展。微结构光纤以其独特的结构优势再一次掀起了光纤通信革命的浪潮。通过对微结构光纤的调节，能使波导色散更加明显，无论是在色散的幅度上还是在色散的符号上，都可以实现比传统光纤大得多的色散。而且，微结构光纤的纤芯和包层可以由单一材料拉制而成，这使得整个截面区域在力学和热学上是完全匹配的，能极大限度地减小材料色散带来的负面效应，为光纤通信、色散补偿和非线性光学领域的发展开辟崭新的局面。

通过微结构光纤的结构优势来控制色散特性，主要体现在对波导色散的控制上。光纤的色散参量 D_w 可以用有效折射率 n_{eff} 的实部 $\text{Re}(n_{\text{eff}})$ 来表示[16]：

$$D_w = -\frac{\lambda}{c}\frac{\partial^2\left|\text{Re}(n_{\text{eff}})\right|}{\partial\lambda^2} \qquad (1.3)$$

式中，　　　λ——自由空间波长；

c——真空中的光速；

$n_{\text{eff}} = \beta/k_0$——光纤的有效折射率；

β——传输常数；

k_0——真空中的波数。

2000 年，Ranka 等人在实验中发现微结构光纤可以实现在可见光波段具有零色散点甚至会出现负色散现象的特点[17]，证实了这种新型微结构光纤具有传统光纤所无法比拟的色度色散特性。同年，Knight 等人报道了一种测量光纤中群速度色散的方法并得到了零色散点为 700 nm 的单模微结构光纤，在利用超短脉冲源产生光孤子和超连续谱方面具有重要意义[18]。

2002 年，Jasapara 等人分别在两根实芯光纤的包层中填充两种高折射率液体，形成单模和多模光子带隙型传导机制，测量并比较了这两种光纤中的色散效应，为光纤的色散补偿提供了全面的思路[19]。2003 年，Saitoh 和 Koshiba 利用有限元法模拟仿真了包层由 4 层空气孔构成的微结构光纤，他们计算了微结构光纤中的色散和损耗特性，同时实现了 1.19 ~ 1.69 μm 宽带波长范围内的超低近零平坦色散[20]。2004 年，Lou 等人理性分析了在中心引入椭圆孔的光纤的模场特性，通过控制孔的大小，可实现在 1550 nm 波长附近的平坦色散，为超连续谱的产生贡献了宝贵的资源[21]。之后，许多具有显著色散特性的微结构光纤不断涌现，为光通信领域的蓬勃发展注入了新的活力，持续引起国内外科研工作者的关注。

1.2.4　非线性特性

1999 年，Broderick 等人通过测量光纤中的非线性效应得出结论：减小光纤截面的有效模场面积能够获得较高的非线性效应，即光纤的非线性与有效模场面积成反比例关系[22]。这为非线性的提升和有效控制带来了新契机。非线性效应是光纤对外场的电极化响应，可用非线性系数 γ 来决定，其表达式如下[23]：

$$\gamma = \frac{2\pi n_2}{\lambda A_{\text{eff}}} \tag{1.4}$$

式中，n_2——基底材料的非线性折射率系数，对石英光纤而言，n_2 的值约为
　　　　2.5×10^{-20} m²/W；

　　　　λ ——自由空间传输波长；

　　　　A_{eff}——有效模场面积，可通过下式求得：

$$A_{\text{eff}} = \frac{(S|E|^2 \mathrm{d}x\mathrm{d}y)^2}{S|E|^4 \mathrm{d}x\mathrm{d}y} \tag{1.5}$$

式中，E——沿光纤截面的电场分布，可通过仿真求解得到；

　　　　S——光纤的整个截面面积，这表示积分是对于整个平面求解的。

　　　　n_2 是只与材料有关的非线性折射率系数。因此，在波长一定的情况下，有效模场面积和非线性效应之间具有绝对的负向依赖关系。

在当今互联网迅速崛起的时代，在语音、图像和数据等信息量呈现爆炸式增长的网络环境中，光纤通信速率和容量的扩展已成为必然。随着波分复用技术和掺铒光纤放大器在扩充容量和高速信道方面日渐进步和成熟，光纤的非线

性效应也逐渐凸显出来。高非线性微结构光纤是目前发展较为成熟的一个分支，在超连续谱产生和光孤子脉冲压缩等非线性光纤光学等领域得到了广泛应用。

1.2.5　大模场特性

可调的大模场面积也是微结构光纤的一个重要特性，它与光纤的泄漏损耗、宏弯损耗、数值孔径和非线性系数等参数有着密切的联系。由前文可知，γ 与 A_{eff} 成反比，或者说 A_{eff} 越小，光纤具有的非线性效应就越高。对于康宁公司生产的普通单模光纤而言，其模场直径只有 10 μm 左右，这对其非线性阈值的提高是非常有限的。微结构光纤的模场直径可以实现从几微米到几十微米甚至几百微米的大范围调节，具备不同模场特性的微结构光纤能够在很大程度上提高光纤的损伤阈值，因此采用大模场微结构光纤是解决光纤激光器功率提升过程中所面临的光纤损伤问题的一种最直接有效的途径。Knight 等人早在 1998 年就报道过利用光纤几何参数可以实现模场的可控性[24]。随着大模场面积微结构光纤的设计和制备方法不断多样化，尤其在高功率光纤激光器的应用研究中发挥着越来越重要的作用，其将成为新一代光源制造产业中的重要载体[25]。

1.2.6　损耗特性

损耗特性是在光纤远程传输过程中必须要考虑的重要参量，它直接影响信号在接收端的通信质量，主要包括吸收损耗、散射损耗和限制损耗三个方面。其中，吸收损耗的大小是由构成光纤的基质材料决定的。石英材料的损耗较低，所以一般光纤都选用石英为基底。随着研究波段向中红外和远红外区域扩展需求的不断增加，一些软玻璃材料（如硫系玻璃、亚碲酸盐玻璃、氟化物玻璃等）也逐渐被用作制备光纤的材料，并取得了一定的成果。散射损耗主要是由材料表面粗糙和其不均匀性造成的，主要取决于工艺水准。限制损耗是光在纤芯中传输时所产生的横向泄露，即表征光纤对光的限制能力，与光纤的结构设计息息相关。2001 年，White 等人利用多级法计算和分析了微结构光纤中的限制损耗与结构参数间的依赖关系[26]。2003年，Kuhlmey 等人指出，微结构光纤的损耗特性是需要重点考虑的不可忽略因素，对色散、双折射等其他特性有一定的制约[27]。在光纤仿真模拟以及制备工艺中，可以通过合理地设计光纤结构想方设法地降低限制损耗，以适用于更多层面的应用需求。

▶▶ 1.3　微结构光纤的制备方法

微结构光纤具有灵活可控的结构和新颖独特的性质，应用前景广阔，在通信和传感领域扮演着不可或缺的角色。在适应不同发展需求的微结构光纤被设计出来的同时，人们对微结构光纤的制造工艺提出了更高更新的技术要求。目前，国内外许多实验室和科研机构致力于发展不同的工艺来拉制不同结构和组成的微结构光纤，相关技术日渐成熟并逐步向实用化靠拢。多种多样的拉制工艺使得由空气-玻璃组成的微结构光纤成品的制备在 1 μm 标准范围内的精确度达到 10 nm 成为可能。

自从利用管棒堆积法成功拉制出第一根微结构光纤以来，国内外大量科研团队经过不断探索和钻研，已经在理论研究和实际应用的无缝衔接方面取得了较大进展。尽管微结构光纤种类繁多、结构复杂，但其工艺制备流程与传统光纤相类似，主要包括预制棒的制备和光纤的拉制两大部分，当然，具体的操作过程要比传统光纤复杂很多。预制棒的制备是对所设计的微结构光纤截面的宏观呈现，主要方法包括管棒堆积法、挤压法、超声打孔法、熔合酸腐蚀法和溶胶-凝胶法等。国内外许多著名大学（如澳大利亚大学、丹麦科技大学、悉尼大学、清华大学、北京交通大学）和机构（如中国科学院上海光学精密机械研究所、烽火通信科技股份有限公司、武汉长飞光纤光缆股份有限公司等）都大力开展了这方面的研究工作并取得了可观的成果和长足的发展。下面分别对这几种微结构光纤制备技术进行介绍。

1.3.1　管棒堆积法

人们在不断研究微结构光纤理论知识的同时，也在探索光纤的制备方法，以寻求一种相对简单实用的工艺。光子晶体光纤的开创者、英国巴斯大学的 Russell 团队历经 4 年的时间，深入探索新型光纤的性能和制备方法，终于解开了谜团。他们没有急于求成，而是脚踏实地地向真理一步步靠近。起初，他们尝试通过在一根短石英棒上钻孔的方法来拉制，但这种方式存在明显的缺陷。石英本身是物理硬度很高的半导体材料，不仅增加了钻孔的难度，对操作器械的性能要求也较高，这使对微结构光纤的研究还未真正开始就进入了瓶颈。1993 年，他们从多通道成像增强平板（multichannel image intensifier plates）的制造工艺中得到启发，把多个圆柱形石英棒按二维方向逐个紧密地堆叠成六边形，并试着从一端开始拉锥，形成尺寸约 10 μm 的蜂巢结构。经过不断的尝试和探索，终于在 1995 年末首次成功地拉制出由 217 根石英毛细管堆叠而成的由 8 层空气孔环绕的空芯光纤。然而，此光纤的占空比约为 0.2，从理论上来看，这个值太小，以致无法利用带隙效应传光。因此，他们在此基础上制备了由 216 根石英管组成的实芯结构。终于，世界上第一根具有无截止单模传输特性的光子晶体光纤诞生了[3]，从此实现了从理论到实际零的突破，这在微结构光纤的发展史中具有里程碑的意义[28]。这就是目前在光纤生产制造业中应用最广泛且最熟练的方法——管棒堆积法。

管棒堆积法主要分为三个过程，包括毛细管堆叠、预制棒牵引和拉丝缠绕，具体工艺流程如图 1.4 所示[29]。毛细管的制作是管棒堆积法中预制棒形成的基本环节，这一过程除了要尽量减少管子的衰减和增加管子的韧性之外，还要尽量精确地控制单个毛细管棒参数的一致性，这对于光纤的结构一致性是至关重要的。首先，用光纤拉丝塔将石英管和石英棒拉制成尺寸为 1~2 mm 的空芯毛细管和实芯毛细棒。毛细管棒过大或者过小都会直接影响预制棒的最终质量，以至影响光纤传输特性。所以，为了控制毛细管棒的尺寸，整个过程中的送棒速度和牵引速度都需要遵循质量守恒定律，可简化地表示为如式（1.6）所示：

$$A_{\mathrm{f}} V_{\mathrm{f}} = A_{\mathrm{d}} V_{\mathrm{d}} \qquad\qquad (1.6)$$

式中，A_{f}，A_{d}——石英管棒和毛细管棒的横截面积；

V_{f}，V_{d}——送棒速度和牵引速度。

毛细管棒尺寸可以通过激光测量单元进行网上监测，通过系统自动反馈和实时跟进以确保尺寸尽可能地统一。

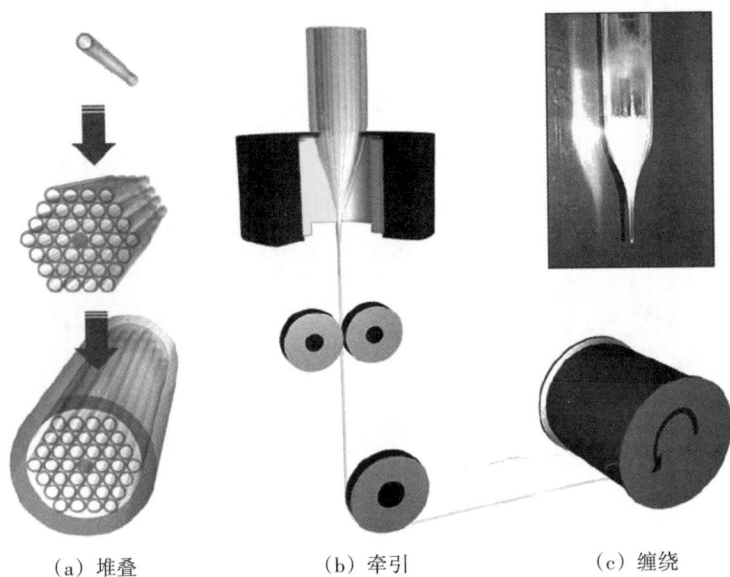

(a) 堆叠　　　　　　　(b) 牵引　　　　　　　(c) 缠绕

图 1.4　利用管棒堆积法制备微结构光纤具体工艺流程[29]

毛细管棒拉制成功以后，需要将它们按照要求排列，形成预制棒模型。在进行这一步骤之前，需将毛细管用去离子水反复清洗干净，以降低因污染而引起的光纤的散射损耗增加和机械强度下滑等状况。要在特定的金属模具中将毛细管按规则堆积排列，边缘缝隙处用细棒填充，然后把中间的毛细管用毛细棒来替代，形成实芯纤芯。所有工序完成后，将整个模具插入适当尺寸的套管中固定好并等待下一步工艺。

最后将堆叠好的预制棒置于拉丝塔的高温加热炉中进行熔融拉伸，此时除了要保证真空环境外，还要严格控制压力和拉锥参数，以达到理想的结构。该方法因制备步骤简易、样品均匀性好、成本低廉、便于形成多种复杂结构和无须复杂的机械设备等优势，一直以来是制备微结构光纤的最基础、最普遍的方法，也是最早实现微结构光纤产业化的工艺。

1.3.2　挤压法

挤压法是制备微结构光纤的另一种常用方法。与管棒堆积法不同的是，预制棒是在特定的模具中直接形成的。根据设计好的结构制作所需要的模具，然后利用模具将熔融的玻璃材料在高温高压下挤压形成预制棒，最后将预制棒放置在光纤拉丝塔中拉制。该方法操作简单，用到的模具可重复性高、可控性强，因此不失为一种制作预制棒的既经济又有效的方法，非常适用于大规模生产，已经成为近年来多种简单、新颖结构的微结构光纤的首选工艺。

图 1.5 给出了几种通过挤压法拉制的典型微结构光纤截面图。图 1.5(a) 是 Kiang 等人首次利用挤压法拉制的以 SF57 软玻璃为基底材料的 2 μm 悬浮芯微结构光纤。同时，他们得到该光纤在 633 ~ 1500 nm 波段具有良好的单模传输特性[30]，为单模光纤的研究提供了新思路。图 1.5(b) 是英国巴斯大学的 Kumar 等人用该方法制备的基于 SF6 软玻璃的光纤截面的扫描电镜图，他们在实验中测到了这种光纤在 1550 nm 通信波长附近具有近零色散和反常群速度色散的特性，结合其远高于石英基波导材料的非线性系数，揭示了其在超连续谱的产生和激光光源制造方面具有潜在的应用价值[31]。随着工艺的发展和结构的简化，澳大利亚阿德莱德大学的 Tsiminis 等人利用挤压法拉制了一根只由一层空气孔包层构成的如图 1.5(c) 所示的空芯微结构光纤结构，并利用拉曼光谱效应深度挖掘了这种光纤在光学传感领域方面的潜能[32]。

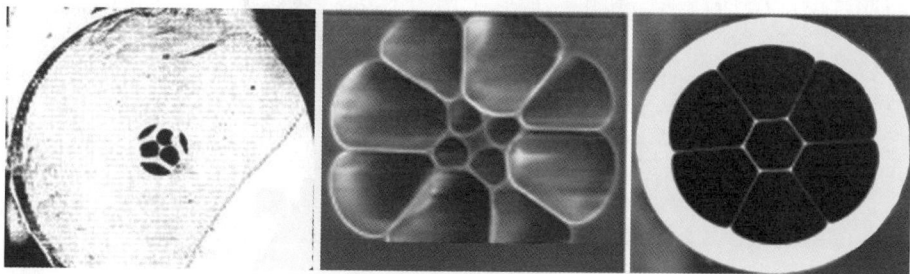

（a）悬浮芯微结构光纤　　（b）SF6 软玻璃微结构光纤　　（c）空芯微结构光纤

图 1.5　利用挤压法拉制的几种典型微结构光纤截面图[30-32]

1.3.3 超声打孔法

1991 年，Yablonovitch 等人通过在高折射率绝缘材料上钻孔，得到了第一个人造光子带隙型晶格结构[33]。众所周知，玻璃属于易脆材料，在钻孔过程中截面方向的任何微小裂痕都会破坏材料的完整性，导致其可控性极差。所以，利用钻孔法制备微结构光纤预制棒的设想渐渐被搁置，硅基多孔光纤拉制技术的早期阶段仍然以毛细管棒堆积法为主导。

随着超声波技术的不断更新和进步，人们可以极大限度地减少钻孔过程中对玻璃材料的摩擦和挤压。而且在精密机械车床的辅助下，钻孔的位置、尺寸甚至角度都能够被精确地控制。这些都使得利用钻孔法制备光纤预制棒成为可能。英国南安普顿大学光电研究中心的 Feng 等人于 2005 年通过分析和研究一些典型的非硅基玻璃材料的热学和光学特性，报道了一种利用超声打孔制备预制棒的方法，并成功制备了以铅硅酸盐玻璃为基底的多孔光纤，得到的预制棒截面如图 1.6 所示[34]。该预制棒长 60 mm，外部直径尺寸为 14 mm，内部有 18 个直径为 2.4 mm 的空气孔周期地排列在纤芯周围，相邻气孔的间距只有 400 μm 左右。这一技术已经能够适用于加工坚硬且易碎的材料，而且大量地减少了人力、物力，可重复性高，尤其适用于大孔径结构；其缺点是目前只能制备有限长度的预制棒。

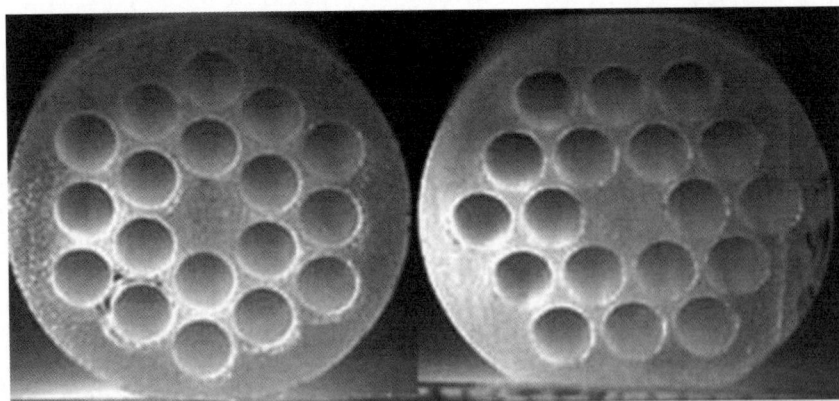

(a) 方向一　　　　　　　　(b) 方向二

图 1.6　从两个不同方向观察到的用钻孔法制备的铅硅酸盐玻璃 SF6 预制棒截面图[34]

1.3.4　熔合酸腐蚀法

2004 年，Falkenstein 等人报道了一种有望得到高度一致性气孔排列的预制棒制备方法——熔合酸腐蚀法，这与用微型槽刻蚀玻璃的方法十分相似[35]。首先，要有针对性地选择耐酸腐蚀和不耐酸腐蚀的两种具有不同材料属性的管棒，将这两种管棒按照所需要的排列方式堆叠起来；然后在熔融状态下用酸腐蚀得到预制棒；最后将预制棒拉丝得到所需要的光纤。以 Falkenstein 等人的成果为例，从图 1.7(a) 至（c）中可以清晰地理解整个腐蚀过程。

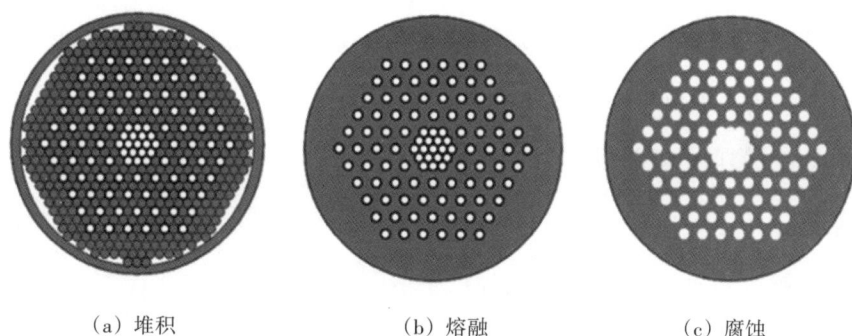

（a）堆积　　　　　　　　（b）熔融　　　　　　　　（c）腐蚀

图 1.7　熔合酸腐蚀法制备微结构光纤步骤[35]

具体步骤为：首先，选用耐酸腐蚀的 0120 铅硅酸盐玻璃棒和不耐酸腐蚀的 EG-4 玻璃管，这两种材料的软化温度分别为 630 ℃和 699 ℃。然后，把 535 个长 30 cm、直径约 1.5 mm 的 0120 铅硅酸盐玻璃棒在六边形的套管里紧密堆积排列。为了形成空芯结构，用内外直径分别约为 1.5 mm 和 1.1 mm 的 EG-4 玻璃管代替中间的 19 根 0120 铅硅酸盐玻璃棒，而在纤芯的外围用 84 根 EG-4 玻璃管替换掉 0120 铅硅酸盐玻璃棒，以形成 4 层包层空气孔结构，如图 1.7(a) 所示。接下来是熔融过程，熔融的目的是把温度升至 0120 铅硅酸盐玻璃棒的软化点和塌缩点，尽量消除空间间隙，以形成连续的铅硅酸盐玻璃区域。管棒束垂直悬浮于拉丝塔的熔炉中并保证其处于真空状态。这不仅能保证管棒处于六边形状态，而且能排除空气，以免形成起泡。接着，管棒束被以 1 mm/min 的速率向下送入 585 ℃的预加热熔炉中熔融拉伸，由于熔融的温度低于 EG-4 玻璃管的软化温度，所以 EG-4 玻璃管仍然可以保持原有的形状。

尽管在熔融的过程中，管子的绝对位置会发生微小偏移，但由于内部空间塌缩存在对称性，它们的相对位置仍然可以保持一致。熔融后的管棒束如图 1.7(b) 所示。最后，把硝酸溶液直接泵入熔融后的管棒束中进行腐蚀操作，EG-4 玻璃管被腐蚀，得到的预制棒截面如图 1.7(c) 所示，这个过程大约持续 2 h。腐蚀结束后，将预制棒熔融拉丝成微结构光纤，工艺结束。

熔合酸腐蚀法非常适用于制备复杂结构的光纤预制棒，整个过程和步骤通俗易懂，各个操作相互独立，熔融和拉丝两个工艺过程的完全分离能够实现对温度以及其他参数的绝对掌控和优化。大量的实验结果表明，耐酸腐蚀的材料在整个过程中几乎未受到明显的影响，刻蚀后的管棒束也没有受到污染，能够对所需要的光纤进行最大限度的还原。

1.3.5　溶胶–凝胶法

在传统光纤的制造工艺中曾报道过溶胶–凝胶法，虽然该方法在产品商业化应用中鲜少看到，但在处理某些棘手情况时也不失为一种选择。美国 OFS 实验室于 2002 年报道了用该方法制作出来的光纤样品[36]。2005 年，中国科学院西安光学精密机械研究所报道了与美国 OFS 实验室提出的溶胶–凝胶法工艺相似的浇铸法[37-38]。这种方法主要是先铸造模型，再向其中插入圆柱形金属棒，然后把具有高 pH 值的纳米量级的硅胶颗粒填到缝隙中，溶胶到凝胶的过程通过逐渐降低 pH 值来实现，在凝胶的过程中再将金属棒移除就可以形成空气孔结构。此外，还需采用热化学处理法来消除整个过程中形成的水蒸气以及其他污染物。最后在约 1600 ℃下把多孔凝胶烧制成玻璃并在高温下拉锥成微结构光纤即可。该方法具有成本低廉、尺寸精准、污染程度小、光纤损耗低等优点。

在微结构光纤的发展历程中，制备工艺是相比于模型仿真和特性优化而言难度最高的一项技术。近年来，基于不同工艺制备微结构光纤的方法相继被报道并投入使用，不同的方法有各自的优点和缺点，有相似之处也有差异，其本质区别主要在于微结构光纤预制棒的制备方法。在实际拉制过程中，可以根据光纤材料、结构、长度、实验条件和市场需求等实际情况选择最适合的方法。

国内外许多研究小组对微结构光纤制备工艺的研究和优化的脚步仍未停歇，力求完善制作工艺，优化制作过程，简化制作流程，争取早日实现微结构光纤的产业化进程。

▶▶ 1.4　填充型微结构光纤光学器件的研究进展

自 20 世纪 90 年代以来，世界各国的研究学者对微结构光纤的发展做了丰富的积累、深入的探索和突出的贡献，伴随着布拉格光纤的兴起，关于微结构光纤的研究已经有几十年的时间了[39]。其方向主要有三个：光纤的结构设计和理论仿真、光纤的制备，以及光纤的实验验证和应用研究。这三个环节紧密结合，相互依存，环环相扣，共同推动着微结构光纤向产业化和商用化稳步前进。

随着近年来材料科学的快速发展，再加上微结构光纤特殊的空气孔排列结构可充当光学微腔，研究者创造性地把新型材料和新型光纤结合在一起，如在光纤的空气孔中填充液晶、磁流体或者折射率匹配液，或在空气孔内外壁涂覆金属薄膜或者石墨烯，以期利用这些外加材料的可调谐特性实现对光纤内部属性的优化控制和外界环境参量的敏感测量，从理论和实践方面进一步拓宽了微结构光纤的应用潜能。选择性填充微结构光纤方法的成功实现更为光纤光学器件的量产化和实用化奠定了良好的基础并提供了技术支撑。

1.4.1　微结构光纤的填充方法

对微结构光纤的非选择性填充较易实现，可直接利用毛细作用力来实现各种液态材料的填充[40]。对于非选择性填充，其工艺相对复杂。2005 年，香港理工大学的靳伟等人利用电弧放电的方法实现了对空芯微结构光纤中心大空气孔的选择性填充[41]，并分别在理论和实验中研究了电弧的放电时间、放电电流和侧向偏移量对气孔封堵情况的影响，解决了对微米量级空气孔选择性填充的难题。2006 年，巴西坎皮纳斯州立大学的 Matos 等人在实验中得到了一种新颖的、可分别在同一光纤的纤芯和包层区域实现选择性填充不同液体的方法，具体步骤如图 1.8（a）所示[42]。他们先把空芯微结构光纤的一端放在熔接机里，以电弧放电的形式使包层空气孔塌缩，进而实现对其的封堵，接着将光纤的另一端在熔融聚合物中蘸取，聚合物在毛细作用力下只会向纤芯中流入，蘸取一段时间后取出，再经紫外固化，即可实现对光纤纤芯区域的封堵，接着在外加压力的作用下分别从两端填充进不同液体，实现了纤芯和包层的选择性填充。同年，同一研究中心的 Cordeiro 等人在聚焦离子束仪的辅助下设计了一种新颖的、稳固的、精准的微结构光纤侧面钻孔法，为微结构光纤的选择性填充开辟了新的思路，如图 1.8(b) 所示[43]。2010 年，香港理工大学的 Wang 等人利用飞秒激光辅助技术实现了对微结构光纤的选择性填充[44]，极大地减小了填充难度。

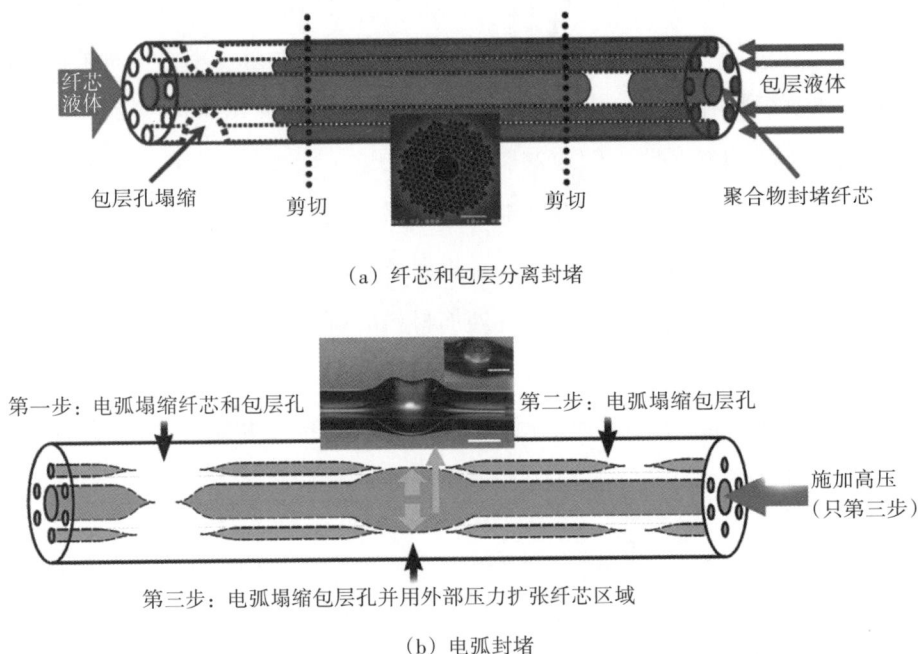

（a）纤芯和包层分离封堵

（b）电弧封堵

图 1.8　微结构光纤选择性填充示意图[42-43]

随着填充工艺水平的日益提升和完善，基于填充型微结构光纤的光学器件种类渐多。虽然各自适用于不同的应用领域，但基本原理相似，都是通过不断的优化设计来将材料的特殊性质与光纤自身的几何优势相结合，以期达到性能的飞跃和从理论到实践的大跨越。下面主要从偏振分束器、偏振滤波器和光学传感器三个方面重点阐述一下基于填充型微结构光纤的光学器件的研究进展。

1.4.2　偏振分束器研究进展

保偏光纤是光纤高双折射特性的宏观产物，其在光偏振器件方面的应用颇为广泛。光偏振器件实际上是基于模式偏振态的多样性衍生而出的光学器件，其中，许多研究学者通过在纤芯的区域引入两个或多个缺陷（即构成双芯或多芯光纤）来设计一种基于偏振模态分离的光纤偏振分束器，这种器件在光纤通信系统中能够有效增加信道容量。

2010 年，哈尔滨理工大学苑立波课题组结合全矢量有限元法和光束传播法（beam propagation method，BPM）设计了一种基于三芯微结构光纤的全固态偏振分束器并计算了其传输距离和偏振分束性能[45]。他们通过在光纤的包层孔中填充不同类型的固态材料，当光在光纤中传输 6.8 mm 后，在 1550 nm 处实现了它的两个相互垂直的偏振模态分别从两个纤芯中的分离，可达到 28.9 dB 的偏振消光比和-29.0 dB 的偏振串扰。这种全固态的微结构波导可以极大地避免拉制过程带来的失真现象，更具有实用价值。2013 年，江苏大学的陈明阳等人通过在微结构光纤两个纤芯之间填充一根金丝，实现了消光比（extinction radio，ER）低于-20 dB 的带宽（bandwidth，BW）为 146 nm 的偏振分束器[46]。他们发现，金线的引入能够极大地增加两个不同偏振模式的耦合长度差，使得利用耦合长度为比为 1/2 或 2 的条件来实现偏振分束变得更加容易。2015 年，澳大利亚新南威尔士大学的 Khaleque 和 Hattori 通过在双芯微结构光纤纤芯周围的两个空气孔中引入金纳米线并结合纤芯模式和表面等离子体模式间的表面等离子体共振效应，实现了光纤长度为 0.2546 mm、BW 为 560 nm 且覆盖 1420 ~ 1980 nm 波段的超宽带偏振分束功能[47]。这为紧凑型光学器件从近红外到中红外波段范围的宽带操作提供了潜在的应用前景。2014 年，燕山大学的陈海良等人通过向硅基微结构光纤两个纤芯中间的空气孔中填充向列液晶作为调制芯，实现了在 1550 nm 通信波长的超宽带偏振分束器。ER 低于-20 dB 的 BW 可达 250 nm，所需光纤长度仅为 0.175 mm，同时揭示了这一结构所具有的独特的温度稳定性[48]。2016 年，北京交通大学的裴丽等人通过在双芯微结构光纤的空气孔中填充磁流体得到了一种磁场可调谐偏振分束器[49]，相应的光纤结构及分束器的工作原理如图 1.9 所示。他们利用磁流体的折射率对磁场的依赖性，通过在填充了磁流体的光纤上施加不同的磁场强度，最终达到偏振分束器的模式转换率、ER、制备尺寸伸缩度和其他性能的最优输出。其中，在 25 mT 磁场强度的作用下，该分束器在 1550 nm 波长处的 ER 低于 -100 dB，且几何尺寸可容纳 0.5% 的拉制误差，在对传输信号的功率分配方面具有潜在的价值。

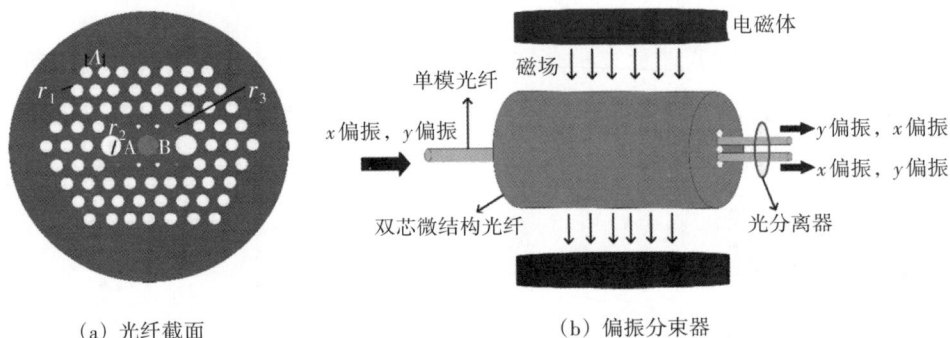

(a) 光纤截面　　　　　　　　　　(b) 偏振分束器

图 1.9　基于双芯微结构光纤可调谐偏振分束器示意图[49]

1.4.3　偏振滤波器研究进展

作为波分复用工艺中最重要的光学组成元件，光偏振器件的另一重要分支——偏振滤波器被广泛应用于大容量高速通信和相干传感方面，直接影响光通信系统质量的好坏。保证光学器件稳定工作，是信息快速发展和高倍率通信系统中不可缺少的关键元素。传统偏振滤波器由于尺寸较大，无法适应光学通信技术的发展，而微结构光纤的出现则为小尺寸、带宽可调和性能良好的滤波器件提供了有利的发展平台。

2008 年，德国马克斯·普朗克研究所的 Schmidt 等人通过在微结构光纤的空气孔中插入纳米量级的金丝和银丝，利用金属和绝缘介质接触面处形成的表面等离子体共振效应引起高双折射和损耗峰值，揭示了金属与微结构光纤的结合在偏振滤波和传感领域的潜在应用价值[50]。同年，同一研究所的 Lee 等人在实验中实现了向保偏微结构光纤的一个空气孔中选择性地填充金线，并通过近场成像法观察到：当发生表面等离子体共振效应时，绝大多数的光会从纤芯中泄漏到金属线上传输，如图 1.10 中的插图 A 和 B 所示[51]。他们利用有限元法进行数值计算并使理论和实验完美契合，印证了表面等离子体共振效应在偏振滤波器方面应用的可行性，纳米量级的金属材料也逐渐成为微结构光纤理论和实验研究的热门方向[52]。

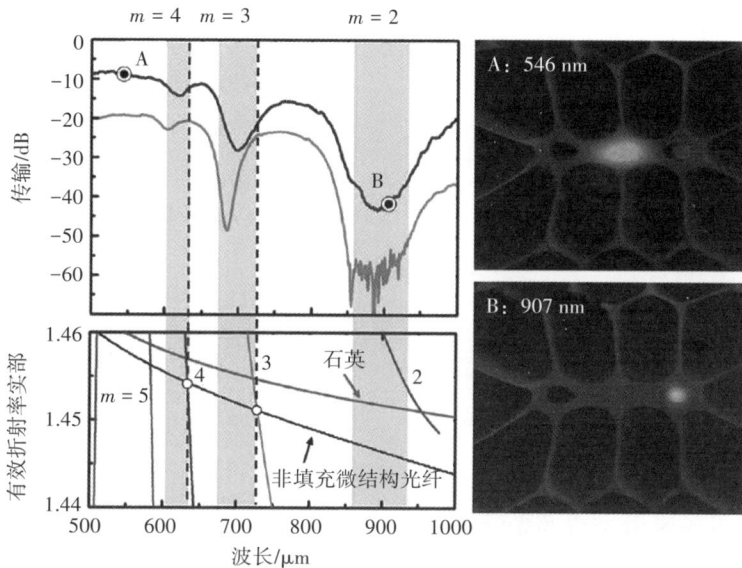

右边插图 A 和 B 分别为光纤在 546 nm 和 907 nm 处的近场成像[51]

图 1.10　微结构光纤的传输光谱和对应的模式色散曲线图

2011 年，日本北海道大学的 Nagasaki 等人基于全矢量有限元法数值模拟了金线选择性填充微结构光纤的偏振滤波特性[53]。他们利用由纤芯基模和等离子体模式间的耦合共振所产生的损耗峰值，研究了金属丝的位置对光纤偏振特性的影响，得出：金属丝填充的位置越靠近纤芯，模式间的耦合共振幅度越强。此外，他们对金属丝的数量和排列方式进行了讨论，揭示出金属丝的紧密排列能够实现稳定的偏振保持特性。2013 年，燕山大学李曙光教授课题组的薛建荣等人设计了一种在空气孔上镀金膜并在同一孔中填充折射率匹配液的光纤结构，得到了可应用在 1310 nm 通信波段处的窄带滤波特性，由于金属和折射率可变液体的同时存在，极大限度地增加了共振强度[54]。2015 年，同一研究小组的陈海良等人讨论了填充铝线的微结构光纤的滤波特性，同时把金、银、铝三种金属引起的表面等离子体共振效应进行了详细的比较，为研究工作者提供了思路[55]。2017 年，天津大学的 Yang 等人通过在银膜涂覆的空气孔中同时填充高折射率液体，利用有限元法模拟仿真实现了两个相互垂直偏振态分别在 1310 nm 和 1550 nm 通信波段的传输，串扰（crosstalk，CT）分别可达 45.4 dB 和−262.9 dB。通过调节银膜的厚度、空气孔的尺寸以及填充液体的折射率，可以实现对偏振特性的有效调控[56]。

除了向微结构光纤中引入金属外，2009 年，希腊亚里士多德大学的 Zografopoulos 和 Kriezis 通过向光纤的空气孔中填充向列型液晶，利用液晶在电磁场下的可调谐特性得到了特定波长下的单偏振特性[57]。2014 年，南开大学的刘艳格等人采用在固态芯微结构光纤的单一空气孔中选择性填充一种高折射率液体的思路，得到了两组幅度较强的偏振依赖共振峰。利用共振峰的幅度和形状对温度和液体填充长度非常敏感的特点，在实验中得到了一种灵活可控的偏振滤波器[58]。2019 年，Ahmed 等人设计了一种新型的 D 型微结构光纤并结合特殊材料——石墨烯，实现了具有超高非线性和超高双折射等奇异性能的在通信滤波方面潜力无穷的光学器件载体[59]。

1.4.4　光学传感器研究进展

光学传感器已成为日常生活和工业生产的重要元件，为人民生活、社会发展和公共服务带来了极大的便利。随着光纤的出现，光学传感器开始向高灵敏度（sensitivity，S）、高集成度、高实践型和高紧凑型转变。尤其是随着新型微结构光纤的出现，诞生了许多性能良好和应用广泛的光学传感器。光纤传感就是将被测量的物理量（如温度、电磁场、压力等）的变化转化为光纤中光参数（如光强、波长、相位、偏振态）的变化。常见的微结构光纤传感器主要包括折射率传感器、温度传感器、磁场传感器、气体传感器、倏逝场传感器和压力传感器等。

2001 年，美国朗讯科技公司的 Eggleton 等人通过把折射率可变材料填充进微结构光纤的空气孔中得出：光的传导机制会受到填充材料的影响。如图 1.11（a）所示，他们在柚子型光纤的纤芯区域刻写布拉格光栅，然后向包层空气孔中填充折射率可变的活性聚合物材料并加热固化。为了进一步增加纤芯模式和包层模式有效模场间的相互作用，他们继续将填充后的光纤在绝热条件下熔融拉锥，拉锥区域的模场分布如图 1.11(b) 所示，随着纤芯尺寸的变小，模场会逐渐向包层区域延伸，导致模场与包层孔中填充物间的相互作用增强，通过追踪光场的变化情况实现对纤芯-包层边界折射率变化的高灵敏度折射率传感[60]。2008 年，美国斯蒂文斯理工学院的 He 等人利用残余应力松弛法分别对刻写长周期光栅的空气填充和水填充微结构光纤的折射率传感器做了详细的比较，光栅是通过扫描二氧化碳激光器得到的[61]。在刻写状态相同的情况下，两种光纤会产生不同的共振光谱输出特性，利用不同浓度的氯化钠分析物溶液分析得到了两种长周期微结构光纤，其折射率为 1.33~1.35、分辨率约为 10^{-7} RIU，然而水填充的微结构光纤的共振光谱的半最大全宽（full width at half-maximum，FWHM）更窄，分辨率更强。

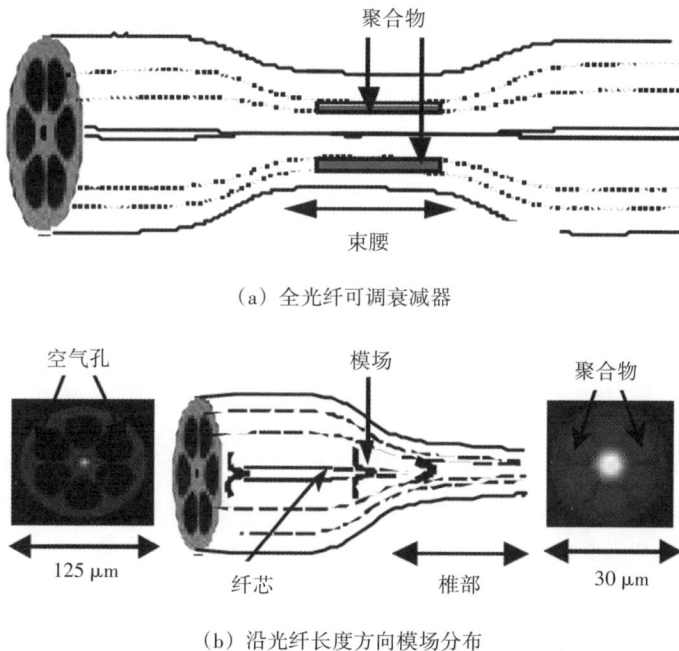

（a）全光纤可调衰减器

（b）沿光纤长度方向模场分布

图 1.11 基于拉锥型柚子光纤的全光纤可调衰减器示意图和沿光纤长度方向的模场分布图[60]

2002 年，香港理工大学的 Hoo 等人通过在微结构光纤中填充乙炔气体，初步得到一种利用倏逝场传感的气体传感器[62]。2004 年，美国 OFS 实验室的 Fini 通过在空芯光纤的纤芯中填充液体，利用全内反射原理代替光子带隙型导光机制，让光与液体充分作用，得到比倏逝场传感方式更强的灵敏度。同时，他还探究了利用倏逝场时提高探测气体灵敏度的方法和策略[63]。

2010 年，深圳大学的 Yu 等人设计了一种基于透射光谱强度调制的酒精填充型微结构光纤温度传感器并在实验中用一根 10 cm 长的光纤得到了 0.315 dB/℃ 的灵敏度[64]。他们发现，当酒精的热光系数高于二氧化硅时，光纤的模场、有效折射率和限制损耗都具有高度的温度依赖特性。2015 年，韩国檀国大学的 Naeem 等人在实验中设计了一种基于聚合物选择性填充双芯微结构光纤和马赫-增德尔干涉效应的高灵敏度温度传感器[65]。在临近一个纤芯的包层空气孔中选择性填充了具有高热光系数的聚合物材料，且保证其余空气孔处于非填充状态。这种填充会导致两个纤芯间产生较大的热光失配现象，能够得到比未填充状态时高两个数量级的温度灵敏度，约为 1.595 nm/℃，为灵敏度的提升提供了思路。

2014 年，希腊电子结构与激光研究所的 Candiani 等人报道了一种磁驱动光损耗效应的磁场传感器，它是基于聚合物微结构光纤的磁场传感器，实验搭建的光路如图 1.12 所示[66]。磁场被垂直地施加到光纤轴且可探测到的最大磁感应强度达 2000 G，该传感器具有高灵敏度并能够实现磁场流速和方向的测量。

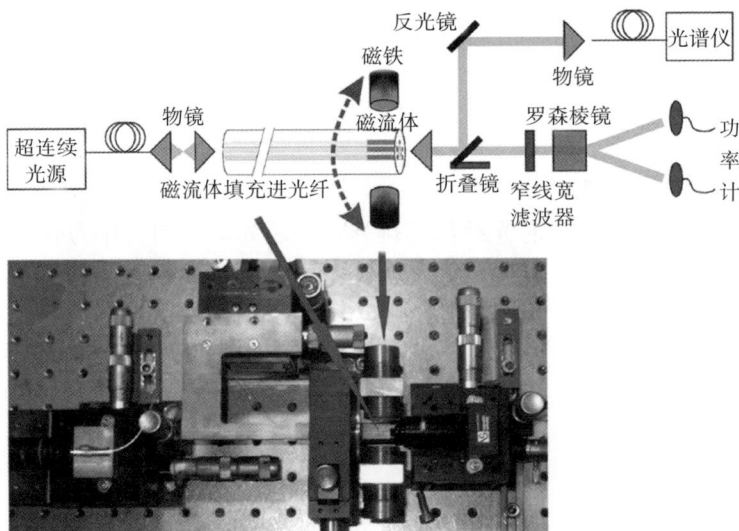

图 1.12　基于聚合物微结构光纤的磁场传感器实验框图[66]

2009 年，加拿大蒙特利尔综合理工大学的 Hassani 和 Skorobogatiy 利用在微结构光纤包层外围镀金属膜所产生的表面等离子体共振效应研究了探测生物层厚度的传感方法[67]。通过对微结构光纤结构的灵活设计，可以实现纤芯基模和等离子体模从可见光到近红外区域的有效折射率相位匹配。他们用三种不同结构的光纤来进行数值仿真后发现，不仅基态的等离子体模式能够被激发，其高阶模式也能被激发，同时考虑这些模式可以增加传感器的探测极限。2018 年，燕山大学的 Tong 等人设计了一种具有高灵敏度的基于表面等离子体共振效应的 D 型微结构光纤生物传感器[68]。为了增加共振耦合效应，他们在光纤侧抛平面涂覆了石墨烯和银膜。石墨烯的引入不仅能够避免银膜的氧化，更能够使灵敏度极大地增强，实现在 1.34~1.40 折射率范围内的平均灵敏度为 4850 nm/RIU，分辨率为 2×10^{-5} RIU，D 型光纤的使用极大地降低了探测难度。

以上描述的都是基于实芯微结构光纤设计的传感器件，相比于传统的折射率引导型微结构光纤，空芯光纤也具有广泛的实用性。传感技术和空芯光纤的完美结合为生化检测工程提供了前所未有的机遇。通过对空芯光纤的非选择性填充或在其中心大空气孔中选择性地填充待测分析物，能够极大地增加光与物质的相互作用，同时减少基底材料带来的背景干扰，尤其适用于吸收、荧光、拉曼以及表面增强拉曼散射等不同的光谱学传感方面，是对现有光学传感技术的补充。

2006 年，加拿大不列颠哥伦比亚大学的 Konorov 等人比较了用自由空间耦合法、实芯光纤和空芯光纤三种方式探测的酒精拉曼光谱信号强弱，证实了空芯光纤在拉曼光谱学分析方面的巨大优势[69]。他们利用空芯微结构光纤作为激发光纤，同时将三根实芯光纤均匀排列在空芯光纤周围，作为收集光纤，如图 1.13 所示。这里，为减少背景干扰，他们并没有让液体流进光纤中，而是用熔接机把光纤的气孔进行塌缩封堵，光纤仅作为一种光传输媒介侵入待测分析物中。同年，美国加利福尼亚大学的 Yan 等人通过在空芯光纤的气孔内填充金纳米颗粒，作为表面增强拉曼散射基质，探测了染色剂 RhB 的拉曼光谱，并与自由空间探测法的结果相比较，得到了拉曼效应显著增强的效果[70]。2007 年，同一研究小组的 Zhang 等人选择性地在空芯光纤中心大空气孔中填充含有银纳米颗粒的待测分析物，利用表面增强拉曼效应探测了若丹明 6G、胰岛素和色氨酸的拉曼光谱，揭示了液态芯微结构光纤拉曼探针的良好应用前景[71]。

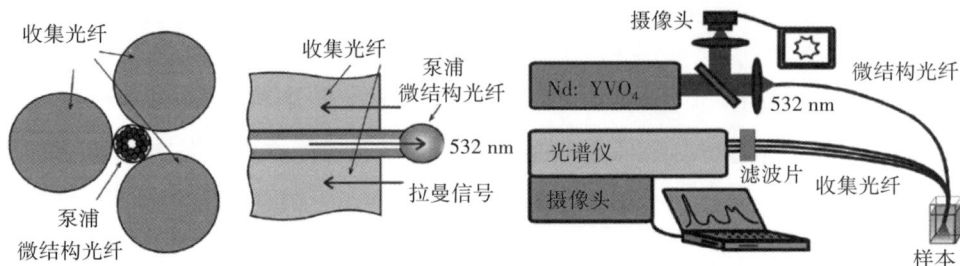

图 1.13　空芯微结构光纤作为激发光纤的光探头示意图（左）和
相应的实验框图（右）[69]

　　2008 年，加拿大渥太华大学的 Naji 等人首次报道了利用非选择性填充空芯微结构光纤收集拉曼信号的研究进展[72]。因为带隙型空芯光纤的传导特性和导通波段是随着填充样品折射率的变化而变化的，他们首先计算并比较了填充液体前后光纤的传输带宽的变化，再根据结果选择合适的光纤进行实验。这种方法所需功率低，样品容量少，尤其适用于生物传感领域。2012 年，美国加利福尼亚大学的 Yang 等人通过在空芯光纤中填充液体和气体证明了其在拉曼和受激拉曼方面的应用[73]。他们利用该空芯光纤对二氧化碳、葡萄糖和细菌等物质进行了低浓度探测，在 2 mW 低功率和 10 s 积分时间下，可探测的葡萄糖最低浓度为 1 mmol/L，比普通自由空间探测方法的灵敏度高 139 倍。2015 年，加拿大渥太华大学的 Khetani 等人设计了一种基于银纳米粒子和空芯微结构光纤的免标记、稳健、快速的可持式白血病细胞探测平台，并设计了一种 H 型微流腔通道，以实现不同液体的快速测量，系统框架如图 1.14 所示[74]。

　　2016 年，澳大利亚阿德莱德大学的 Tsiminis 等人首次报道了用挤压法制备的单一环反谐振空芯微结构光纤并用于拉曼传感研究，这种单一环悬芯光纤结构简单、性能优良，相当于反谐振反射光学波导，由光子带隙型 Kagome 光纤演变而来，可以利用反谐振原理把光限制在折射率较低的纤芯内传输[75]。2018 年，齐鲁工业大学的 Liu 等人设计了一种基于空芯光纤的拉曼增强探针，空芯光纤被插入一个装有金属反射器的光纤套管中，利用这种方法，被散射的前向信号和后向信号一同被光谱仪接收，极大地增加了拉曼信号强度[76]。

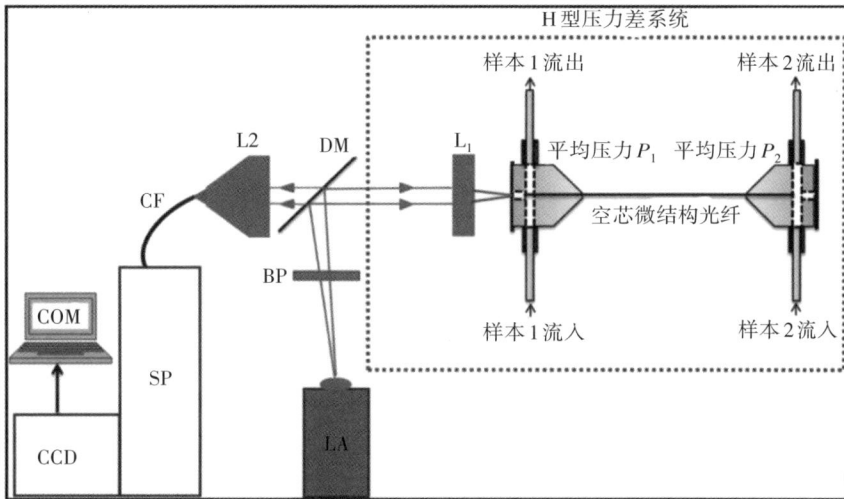

CCD—摄像头；COM—计算机；LA—激光器；SP—光谱仪；CF—光纤；L_1、L_2、BP、DM—光学透镜

图 1.14　H 型微流腔通道框图[74]

基于光纤的光学器件不仅在光通信系统、光学成像和光传感等方面具有突出的价值，而且有能力在一定程度上替代传统的电学器件，成为信息时代的主流。国内外研究学者在利用具有优良特性的微结构光纤制备多种光学器件方面所做的大量而系统的工作，为本书的研究提供了宝贵的思路。

▶▶ 1.5　本书主要研究内容

本书利用有限元法具体设计了几种基于微结构光纤的光学器件并系统仿真了其属性。研究中具体仿真了微结构光纤的传输特性及其结构改变对色散、损耗、双折射、有效模场面积和非线性等基本光学特性的影响，同时结合模式耦合理论、表面等离子体共振效应和拉曼散射效应等基本理论，对基于微结构光纤的光学器件的性能进行了优化设计和实验验证。具体内容包括以下几个方面：

（1）介绍了课题的研究背景和意义，包括微结构光纤的基本概念、基本分类、基本特性以及基于微结构光纤的几种光学器件的基本研究进展，同时简要剖析了关于微结构光纤研究现状存在的不足，明确本书的研究目的及意义。（第1章）

（2）围绕光在微结构光纤的传输机制、光波导中的电磁理论以及数值模拟方法展开了详细而深入的阐述，同时介绍了光与物质作用过程中常见模式耦合理论、表面等离子体共振效应和拉曼散射效应等基本原理，为基于微结构光纤的光学器件的设计和优化奠定了坚实的理论基础。（第2章）

（3）模拟仿真了两种不同结构的双芯微结构光纤的基本光学特性，将填充型光纤与非填充型光纤的输出性能进行对比，并对基于这两种结构的光纤偏振分束特性进行了研究，得到了具有优良特性的偏振分束器。（第3章）

（4）计算了三种不同结构的基于表面等离子体共振效应的单芯微结构光纤的基本光学特性，并对基于这三种结构的光纤偏振滤波特性进行了研究，分别针对超宽带滤波、单偏振滤波以及可调谐波长滤波三个方面做了详尽的分析。（第4章）

（5）针对微结构光纤的传感性能进行了研究。首先设计了一种偏振滤波和温度传感特性兼容的光纤结构，为集成光学器件的研发提供了新思路。接着在表面等离子体共振技术的辅助下提出了一种侧抛型微结构光纤，得到了超高灵敏度的折射率传感特性。（第5章）

（6）数值仿真了目前新兴的一种负曲率反谐振型空芯微结构光纤的基本传输特性，并结合拉曼散射效应在实验中得到了一种基于空芯微结构光纤的拉曼传感探测系统。通过检测几种常见分析物对该系统进行了检验，突出了其在物质浓度传感监测领域的潜在价值。（第6章）

第 2 章　微结构光纤的传输理论和研究方法

▶▶ 2.1　微结构光纤的传输机理

第 1 章中提到，微结构光纤按照导光机制的不同可分为全内反射型、光子带隙型和反谐振反射型。本章将详细介绍这三种传输机制的基本原理和发展历程。

2.1.1　全内反射型

当光从光密介质（折射率高的材料）向光疏介质（折射率低的材料）中传输时，根据菲涅尔公式，满足一定入射角时，光将被全部反射回光密介质中，这种现象称为全内反射。对于微结构光纤而言，如果在二维方向上呈周期排列的包层中的一个孔因遭到破坏或缺失而形成缺陷，即实芯光纤，光就会在缺陷中依照全内反射原理传输，这种光纤称为折射率引导型微结构光纤，其导光机理与传统光纤相似。典型的折射率引导型微结构光纤的纤芯通常为折射率较高的纯石英，包层为折射率较低的空气孔结构，全内反射原理图如图 2.1 所示[77]。这种传导机制可以被理解为光在纤芯-包层界面持续被反射回纤芯区域，因此，光能被很好地限制在纤芯中传输。

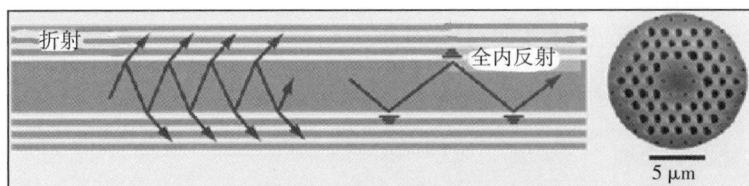

图 2.1　实芯微结构光纤全内反射原理图[77]

微结构光纤包层的折射率是随着波长的变化而变化的，而且通过对微结构光纤的包层气孔排列方式的灵活调节，可以使光纤具有不同的光学特性，适应不同的应用场景。如图 2.2(a) 所示，通过增大包层空气孔的直径且减小纤芯尺寸以增加占空比，进而减小有效模场面积，从而得到较大的非线性效应；用于超连续谱的产生；通过控制包层直径和间距的比值，即满足占空比小于0.46，就可以实现一定程度的无截止单模传输，如图 2.2(b) 所示；通过破坏包层的周期对称性，增大某一坐标轴方向的空气孔，以形成结构不对称，就可以实现高双折射特性，如图 2.2(c) 所示；通过设计包层空气孔的三角、四角、八角、圆对称性等排列方式，改变某些气孔的尺寸，就可以实现平坦色散、反常色散、零色散等特性，如图 2.2(d) 所示[78]。若综合考虑以上所有方式，就有机会同时得到高双折射、近零平坦色散、高非线性等优良特征。

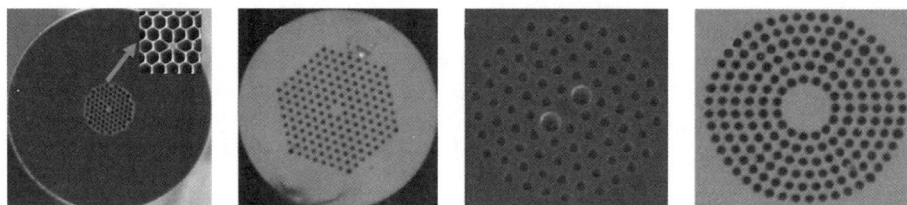

(a) 高占空比型　　(b) 低占空比型　　(c) 包层非对称型　　(d) 圆对称型

图 2.2　适应不同应用场景的实芯微结构光纤示意图[78]

2.1.2　光子带隙型

典型的光子带隙型微结构光纤的纤芯由一个大空气孔组成，包层为在二维方向呈蜂巢状周期性排列的空气孔结构。此时，纤芯的折射率远低于包层的折射率，并不符合全内反射型导光机制，光是利用光子带隙原理，或称通过包层内周期排布的高–低折射率材料间的布拉格反射将光限制在低折射率纤芯中的。光子带隙指的是在具有周期性结构的介质中，只允许某些频率的波在低折射率芯区域中传播，而其余频率的波被截止，即存在"光子禁带"现象，这种传导机制要求包层排列具有严格的周期性。

图 2.3 为光子带隙原理图，满足"光子禁带"的频率逐渐被耗散，只留下

存在于光子带隙内的特定频率在低折射率纤芯中低损耗传输[77]。光子带隙要求结构具有严格的周期性。一旦周期性被破坏，结构中会因产生缺陷而出现一种截然不同的、异于光子带隙的光波传导。

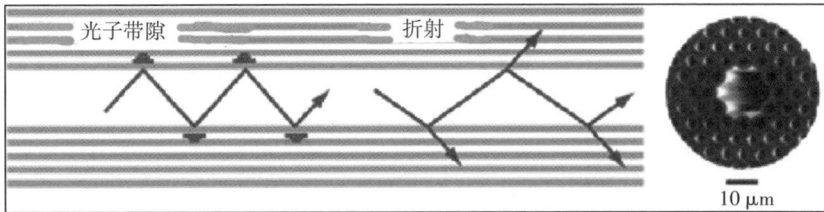

图 2.3　空芯光子带隙原理图[77]

常见的光纤结构如图 2.4 所示。图 2.4（a）是发现最早、理论基础最完善、用途最广的传统光子带隙型微结构光纤[79]。随着研究的不断深入，该光纤已经能够得到和传统光纤量级相当的 1.7 dB/km 的超低损耗特性[80]，但其存在结构复杂和传输带宽窄的明显缺点，在一定程度上制约了其在超连续光源方面的发展。

2002 年，Benabid 等人首次制备了 Kagome 型空芯光纤[81]，它的包层结构和传统光子带隙型微结构光纤略有不同，空气孔之间存在明显的石英网格，如图 2.4（b）所示。与传统光子带隙型微结构光纤相比，这种结构的损伤阈值更高，传输带宽更宽，可覆盖从可见光到近红外的波长区域，但其传输损耗又不如传统光子带隙型微结构光纤。科学家们在这一基础上设计了一种传输损耗可与传统光子带隙型微结构光纤相比的圆内螺旋线芯 Kagome 型光纤（hypocy-cloid-core Kagome MOF），如图 2.4（c）所示，即由负曲率圆内螺旋线构成的纤芯边界能够有效降低传输损耗，结构优势更突出，应用前景更广阔[82]。

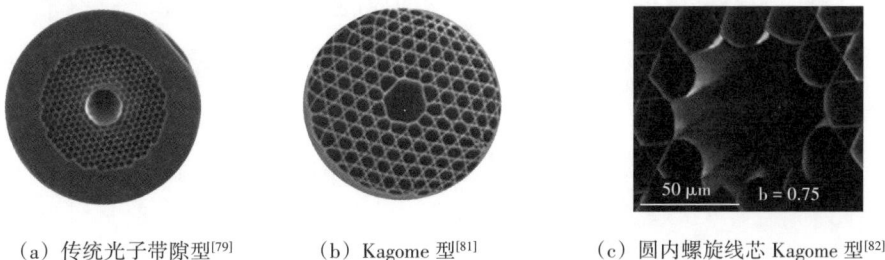

（a）传统光子带隙型[79]　　　（b）Kagome 型[81]　　　（c）圆内螺旋线芯 Kagome 型[82]

图 2.4　不同类型的空芯微结构光纤截面示意图

当光波频率在光子带隙范围内时，就会实现在较低折射率的空气中传输，因为只有极少数能量可以泄露到外包层中与基底材料相互作用。空芯微结构光纤从总体上看具有传输损耗低、传播速度快、能量阈值高和材料背景干扰小等特点，广泛应用于光通信系统、光孤子产生、中红外光传输、受激拉曼散射、拉曼光谱学传感分析等领域。还可以通过向纤芯的大空气孔中填充功能性材料来扩展其性能，如填充惰性气体，实现长距离传输；填充酒精溶液，用作起偏器；填充液晶，制作电光开关；结合光谱特性曲线进行物质检测等。

2.1.3 反谐振反射型

基于反谐振反射传导机制的微结构光纤被称为反谐振微结构光纤，尤指近几年迅速发展起来的新型单一环负曲率空芯微结构光纤（single ring negative curvature hollow core microstructure optical fiber，NC-HC-MOF 或 NC-MOF）。NCF 是近年来新兴的一种空芯光纤，因纤芯边缘呈负曲率而得名，它的开发和利用可追溯到圆内螺旋线芯 Kagome 型光纤的发展历程。

2010 年，英国巴斯大学的 Wang 等人发现纤芯边缘的曲率对光纤的损耗特性有决定性的作用，纤芯外壁的负曲率设计，比如典型的圆内螺旋线芯 Kagome 型光纤能极大限度地减小传输损耗[83-84]。而且，该类型光纤不需要包层空气孔严格地呈周期性排列。研究发现，最接近纤芯的空气孔层对光纤特性有直接影响，其余包层可忽略[85]，因此可把这类光纤进一步简化为只由单层空气孔包层构成的 NCF 结构，如图 2.5(a) 所示[86]。

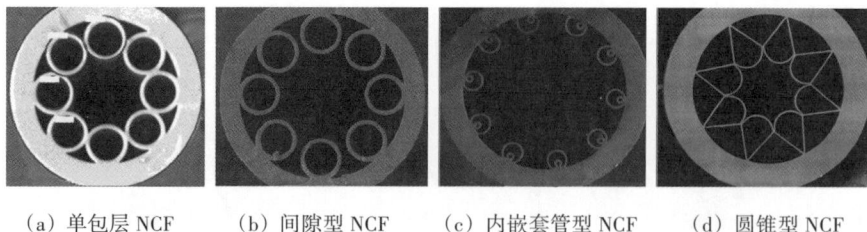

    (a) 单包层 NCF   (b) 间隙型 NCF   (c) 内嵌套管型 NCF   (d) 圆锥型 NCF

图 2.5　几种典型的负曲率空芯微结构光纤的扫描电镜图[86-88, 90]

事实上，Kagome 型光纤的传导机制并不能完全归属光子带隙的范畴，严格意义上不能完全用光子带隙的理论来解释。2002 年，美国 OFS 实验室的 Litchinitser 等人指出，如果把高折射率石英壁当作反谐振反射光波导，也可将光限制在低折射率区域内，并提出用反谐振反射型光波导模型来分析其特性的设想，具体原理如图 2.6 所示[91]。图 2.6(a) 显示了两种不同波长的光在由高低折射率材料相间组成的波导中传输时纤芯和包层的场分布。图 2.6(b) 中传输谱线最低处的波长被称作谐振波长，此时纤芯模式会因与包层模式发生谐振耦合而衰减；传输谱线最高处对应的波长被称作反谐振波长，此时纤芯模式与包层模式间不满足谐振耦合条件。由此可认为，低损耗、高效率的传输来源于各折射率层横向传输常数间的反谐振效应。反谐振效应也可理解为纤芯模式与包层各模式间的抑制耦合作用。要想实现传输信号的低损耗传输，只需保证满足反谐振耦合条件即可。

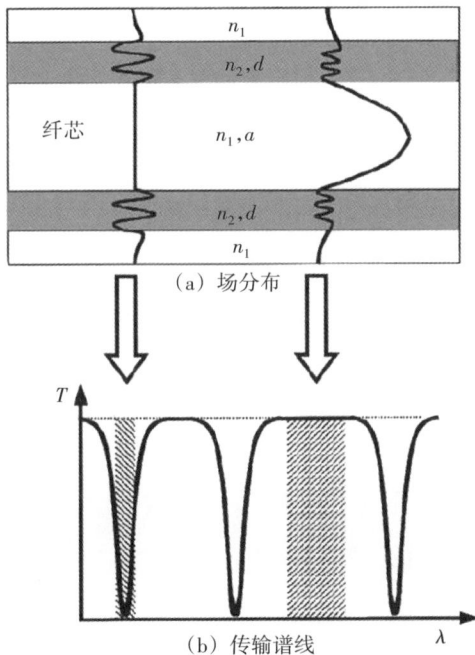

(a) 场分布

(b) 传输谱线

图 2.6　反谐振反射型微结构光纤结构原理图和对应的传输光谱[91]

科研工作者通过不断的模拟仿真发现，在包层管子之间适当引入间隙以减小接触损耗 [图 2.5(b)][87]，或增加内嵌型管子数量来增大反射面 [图 2.5

（c）][88]，都能有效地降低光纤的传输损耗。2019 年，Bradley 等人通过合理设计这种反谐振无节点的内嵌型管子光纤的几何尺寸，实现了可在 C 和 L 通信带以 0.65 dB/km 的低损耗传输的空芯微结构光纤，首次突破了微结构光纤的传输损耗极限，使其达到与传统单模光纤相媲美的水平[89]；图 2.5（d）所示的光纤还可用于中红外超连续谱的产生[90]。负曲率反谐振反射型空芯光纤集结构更简单、设计更灵活、性能更优良、制备更便捷、能够超宽低损耗传输、应用范围更广泛这些优良特性于一身，促使许多研究者致力于研究这类光纤的纤芯边界曲率、包层管子的数量、包层管子的厚度以及弯曲半径等参数对损耗的影响。而且，单包层负曲率光纤结构的简化还有望解决现有非硅基中红外光纤器件制备的技术瓶颈问题。

▶▶ 2.2　波导中的电磁理论及基本方程

光波是一种电磁波，研究光在波导中的传输需要用到电磁场理论。在进行理论计算时，可将微结构光纤看作一种特殊的光波导。因此，在对微结构光纤中的光传输特性进行分析时是以麦克斯韦方程组（Maxwell's equations）为起点的，对波动方程的推导和求解始终贯穿整个研究过程。具体思路是：根据麦克斯韦方程组推导出微结构光纤所满足的亥姆霍兹方程（Helmholtz equation），然后对得到的亥姆霍兹方程的本征值进行求解，进而得到光波的传输模式、场分布和传输常数等相关参数。

2.2.1　光波导满足的亥姆霍兹方程

对微结构光纤中光波传输和光学性质的模拟仿真可转化为对麦克斯韦方程组解析解的求解，方程组的一般形式如式（2.1）所示[92]：

$$\begin{cases} \nabla \times \boldsymbol{E} = -\dfrac{\partial \boldsymbol{B}}{\partial t} \\ \nabla \times \boldsymbol{H} = \dfrac{\partial \boldsymbol{D}}{\partial t} + \boldsymbol{J} \\ \nabla \times \boldsymbol{D} = \rho \\ \nabla \times \boldsymbol{B} = 0 \end{cases} \quad (2.1)$$

式中，E——电场强度；

　　　H——磁场强度；

　　　D——电位移矢量；

　　　B——磁感应强度；

　　　J——电流密度矢量；

　　　ρ——场源电荷密度。

在求解时，微结构光纤通常被认为是各向同性的均匀介质，没有自由电荷，所以此时 ρ 和 J 均为 0，且非线性均匀介质中的 E，H，D，B 存在如式（2.2）所示关系[93]：

$$\begin{cases} D = \varepsilon_0 E + P \\ B = \mu_0 H + M \end{cases} \tag{2.2}$$

式中，μ_0——真空的磁导率；

　　　ε_0——真空中的介电常数；

　　　M——磁场极化强度；

　　　P——电场极化强度。

对于非磁性介质的微结构光纤而言，$M = 0$。

电场和磁场均可被当作具有单一角频率 ω 的正弦波，再结合傅立叶变换的基本理论，电磁波总可以被表示为不同频率时谐波的线性叠加，所以，光波可用式（2.3）表示：

$$\begin{cases} E(r, t) = E(r)\exp(-j\omega t) \\ H(r, t) = H(r)\exp(-j\omega t) \end{cases} \tag{2.3}$$

此时，光纤内部电磁场满足式（2.4）所示条件：

$$\begin{cases} \nabla \times E = j\omega\mu_0 H \\ \nabla \times H = -j\omega\varepsilon_0 E \end{cases} \tag{2.4}$$

将上式做旋度运算，可获得式（2.5）所示波动方程：

$$\begin{cases} \nabla^2 \boldsymbol{H} + k^2 \boldsymbol{H} = 0 \\ \nabla^2 \boldsymbol{E} + k^2 \boldsymbol{E} = 0 \end{cases} \tag{2.5}$$

式中，$k = nk_0$，k_0 为自由空间波数，且 $k^2 = \omega^2 \varepsilon_0 \mu_0$。

结合式（2.3）可得

$$\nabla^2 \boldsymbol{E}(r, \omega) = \varepsilon(\omega) \frac{\omega^2}{c^2} \boldsymbol{E}(r, \omega) \tag{2.6}$$

式中，$\varepsilon(\omega)$——复数，与角频率 ω 密切相关，其实部与折射率 $n(\omega)$ 有关，

  虚部与吸收系数 $\alpha(\omega)$ 有关；

  c——真空中的光速，$c = 1/\sqrt{\mu_0 \varepsilon_0}$。

在 $0.5 \sim 2.0\ \mu m$ 波段，石英的光学损耗很小，可以被忽略，因此可得到光纤中简化的亥姆霍兹方程：

$$\nabla^2 \boldsymbol{E} + n^2(\omega) \frac{\omega^2}{c^2} \boldsymbol{E} = 0 \tag{2.7}$$

2.2.2 光纤模式和传播常数满足的方程

对光纤中传输模式的求解是光学特性分析中较为重要的环节。对亥姆霍兹方程进行本征值求解可得到光波在波导空间的分布，而且每一个本征解对应一种传输模式。在求解过程中，需要把矢量亥姆霍兹方程转化为标量的亥姆霍兹方程，对圆柱形光纤而言，可将亥姆霍兹方程（2.7）按柱坐标系 (r, φ, z) 展开得到式（2.8）所示表达式：

$$\frac{\partial^2 E}{\partial r^2} + \frac{1}{r} \frac{\partial E}{\partial r} + \frac{1}{r^2} \frac{\partial^2 E}{\partial \varphi^2} + \frac{\partial^2 E}{\partial z^2} + n^2 k_0^2 E = 0 \tag{2.8}$$

在柱坐标系下，z 轴和光纤轴线一致，且微结构光纤沿 z 传播方向上的折射率是始终不变的，因此电场和磁场还可表示成式（2.9）所示的简谐振荡形式：

$$\begin{cases} E = E\left(r,\ \varphi\right)\exp\left[\,\mathrm{j}(\,\beta z - \omega t\,)\,\right] \\ H = H\left(r,\ \varphi\right)\exp\left[\,\mathrm{j}(\,\beta z - \omega t\,)\,\right] \end{cases} \tag{2.9}$$

式中，ω——传输角频率；

β——传播常数。标量化后的亥姆霍兹方程可进一步用分离变量法求解，令 $\psi(r,\varphi) = R(r) \cdot \phi(\varphi)$，且 $\phi(\varphi)$ 为周期为 2π 的周期函数，可表示为

$$\phi\left(\varphi\right) = \exp\left(\mathrm{j}\upsilon\varphi\right),\ \upsilon = 0,\ 1,\ 2,\ 3,\ \cdots \tag{2.10}$$

带入公式（2.8）可得贝塞尔函数微分方程：

$$\frac{\mathrm{d}^2 R(r)}{\mathrm{d}r^2} + \frac{1}{r}\frac{\mathrm{d}R(r)}{\mathrm{d}r} + \left(k^2 - \beta^2 - \frac{\upsilon^2}{r^2}\right)R(r) = 0 \tag{2.11}$$

根据贝塞尔函数，可分别求得电场 E_z 和磁场 H_z 的通解为：

$$E_z = \begin{cases} AJ_\upsilon\left(\dfrac{U_r}{a}\right)\mathrm{e}^{\mathrm{j}\upsilon\varphi},\ r \leqslant a \\[3mm] BK_\upsilon\left(\dfrac{W_r}{a}\right)\mathrm{e}^{\mathrm{j}\upsilon\varphi},\ r > a \end{cases} \tag{2.12}$$

$$H_z = \begin{cases} CJ_\upsilon\left(\dfrac{U_r}{a}\right)\mathrm{e}^{\mathrm{j}\upsilon\varphi},\ r \leqslant a \\[3mm] DK_\upsilon\left(\dfrac{W_r}{a}\right)\mathrm{e}^{\mathrm{j}\upsilon\varphi},\ r > a \end{cases} \tag{2.13}$$

最后，结合边界条件确定参数便可求出本征解，每一个解对应一个传播常数 β 和一个特定的模式。

▶▶ 2.3　微结构光纤数值分析方法

对光在微结构光纤的传输过程进行仿真模拟的本质是对亥姆霍兹方程的求

解，选用恰当的数值计算方法对于正确设计和分析光纤是十分必要的。波长量级光波导的制备难度和成本耗费都远高于传统光纤，而且不同的包层结构具有的光学特性也是未知的，只有在前期阶段充分利用数值模拟方法对光在光纤中的传播进行精确的仿真和优化，且根据需要因地制宜地变换参数，才能为后续的制备工艺和应用研究提供基础和捷径，避免不必要的时间、人力、物力的浪费。

用来研究微结构光纤传输特性的数值分析方法有很多，主要包括有限差分法（finite difference method，FDM）、平面波展开法（plane wave expansion method，PWEM）、多级法、光束传播法、有效折射率法（effective index method，EIM）和有限元法等。这些方法已成为光纤理论仿真模拟的重要工具，每种方法都有各自的优势和缺点，应根据不同的需求和条件选择最合适的方法。

2.3.1　有限差分法

有限差分法作为一种较为成熟的数值求解方法起源于 20 世纪 50 年代，它的理论基础是差分原理，是求解常微分方程和偏微分方程的常用方法[94]。利用有限差分法解差分方程，在精确性、稳定性和收敛性方面都有显著的提高。该方法的原理与解决常微分方程的原理非常接近，利用网格节点将区域离散化，用离散点上函数的差商代替偏导数，结合边界条件对代数方程进行求解，最终解出函数值。有限差分法分为时域有限差分法和频域有限差分法，两者都被经常用来求解微结构光纤的色散、非线性、模式特性等参数。许多研究者和软件公司基于有限差分法开发了研究光波导模式和光束传播的软件，如加拿大 Lumerical Solutions 公司开发的 Mode Solutions 软件，可用于微结构光纤特性的分析与研究。

2.3.2　平面波展开法

平面波展开法是电磁学领域计算频带结构时比较常用的方法。这种方法将物理量展开为平面波的线性组合，有助于深入理解物理问题的本质，常用于求解特定光子晶体几何的带隙结构和色散关系，还可用来处理复杂的周期性结构问题。Danner 博士给出了利用平面波展开法计算光子晶体结构特性的公式推导[95]。首先根据麦克斯韦方程组得到电磁场的全矢量方程，然后将倒格矢分别依照电场和磁场分量进行傅里叶级数展开，将介电常数也通过傅里叶级数分量展开，最终把麦克斯韦方程组简化为本征方程组。平面波实际上是齐次亥姆霍兹方程的解，通过求解方程组的解，可得到周期性波导的模场分布、带隙以及有效折射率分布等。在进行平面波展开时，要想实现更高的精度，可以尽可能多地展开平面波分量，但代价是需要花费更多的时间。平面波展开法是物理概念比较清晰的一种研究方法，非常适合分析模态问题，尤其适用于分析具有完整周期性结构的光子带隙型微结构光纤。

2.3.3　多级法

多级法最早由澳大利亚悉尼大学的 White 等人提出，他们利用该方法计算了微结构光纤中的模式和电磁学特性[96-97]。该方法是将电场和磁场分量分别表示成贝塞尔函数的形式求解亥姆霍兹方程的过程。它是一种基于电磁散射理论的数值分析方法，已被广泛应用于微结构光纤的模式、色散和损耗等特性的分析研究中。针对微结构光纤中的每一个空气孔进行多级展开，以精确地利用边界条件，并利用加法原理对不同的展开进行匹配、叠加，最终达到求解目的。Kuhlmey 等人讨论了有效地利用该方法获得了其他方法难以获得的结果，得到了微结构光纤的无截止单模特性，进一步展示了多级法的独特之处[7-8]。多级法弥补了平面波展开法不能计算损耗的缺陷，无须剖分网格，结构失真小，计算精度高。然而，该方法仅适用于具有对称排列的圆形空气孔的简单结构，不适用于空气孔层数较多和非圆对称的复杂结构，而且其计算量是与包层空气孔的数量成正比的。

2.3.4　光束传播法

光束传播法是一种模拟光在慢变光波导中传播的数值近似方法，它在本质上与水下声学所用的抛物线型方程法相似。这两种方法都是在 20 世纪 70 年代被首次引入的[98]。当波沿着波导进行长距离（远远大于波长）传播时，严格的数值模拟是很难实现的。最初的光束传播法是由慢变包络近似得到的，也称作近轴单向模型。后来被不断改进。通过对均方根运算符进行合理的近似，对轴向变量进行离散化来求解。光束传播法是一种快速的、简单的解决集成光学器件中场问题的方法，它还可应用于解决形变波导结构中强度和模式的改变问题，通常指各向同性材料。同时，该方法的应用也拓展到模拟光在各向异性材料中的传输问题，如光在各项异性材料中的偏振旋转、基于液晶的方向耦合器的可调性研究、液晶显示屏成像中的光衍射等。

2.3.5 有效折射率法

1999 年，Birkst 等人提出有效折射率模型[99]。有效折射率法是光波导技术研究中非常重要的方法。该方法通过将微结构光纤近似地等效为传统的阶跃型光纤后利用传统模式理论研究复杂结构。所以，该方法仅适用于折射率引导型光纤，并不适用于光子带隙型微结构光纤。由于该方法简化了光纤复杂的横截面结构，虽然极大地减少了计算量，却无法保证计算的精度，只能粗略地计算传输模式和色散，不能用于分析与偏振、带隙有关的计算，而且无法通过这种方法得到基模的截止条件。随后出现了全矢量有效折射率法，该方法具有和有效折射率法同样简单、快速的特点，且计算精度比传统的有效折射率法高，可以粗略求解微结构光纤的单模和色散特性，但只限于包层空气孔较小的全内反射型。

2.3.6 有限元法

有限元法在许多研究领域（包括工程、物理、地理和自然科学方面）都被证明是最广泛的数值计算方法。该方法在解决电磁学问题方面已经非常成熟，绝缘波导、光学和光传播领域、光纤以及基于光纤的集成光学器件等问题都可以利用这种算法来分析求解。有限元法提供了一种求解这些器件中麦克斯韦方程组的有利途径，它依赖于波导折射率轮廓图及介质特性（如各项异性和非线性）来处理一些几何域，容易实现标量、半矢量和全矢量方程。微结构光纤具有很多奇异的特性，这些特性需要非常精确的描述域和全矢量方程来求解，有限元法就能完全满足这两个要求。

本书主要在 Comsol Multiphysics 仿真软件中利用有限元法，同时结合

MATLAB 软件完成对微结构光纤基本传输特性的模拟计算和数据分析提取，以及对基于微结构光纤的光学器件的性能优化。下面详细介绍利用有限元法解决电磁学问题的基本步骤。

有限元法主要分为 4 个步骤[100]。第一步是区域离散化，这也是任何有限元素分析中最重要的一步。先把求解区域 Ω 分解成若干数量的子域 Ω^e（$e=1$，2，3，$\cdots$，M），M 在数值上等于子域的数量。这些子域可以由不同尺寸、不同形状和不同物理特性的基本单元拼凑而成。在微结构光纤的分析中，求解域一般被分解成若干个三角形（而不是矩形或其他）有限元，主要是因为三角形单元更适合于不规则的区域。第二步是选择插值函数，插值函数为每一个单元提供了未知解的近似值。函数通常被选择为一阶（线性）、二阶（二次的）和高阶多项式。第三步需要把实际问题对应的卷积方程转化为相应的亥姆霍兹方程。第四步就是对这个本征值系统进行求解，得到的本征值就是有效折射率。

有限元法可以在特定频率下直接求解复传输常数、计算泄露模式、在短时间内利用简单且有效的界面建立起复杂的光纤结构、通过网格细化提高计算精度，许多物理现象（如弹性问题、热问题、流体学和静电学等）都可以通过控制方程和边界条件来解决。因此，这种数值计算方法十分适用于微结构光纤，为模式有效折射率、模式有效面积和群速度色散等参数的计算提供了最基本的工具，是目前分析微结构光纤特性最常用的一种数值计算方法。

▶▶ 2.4　模式耦合、共振与散射的基本原理

为了充分研究和利用微结构光纤的优良光学特性，使其充分有效地渗透入各种光学器件的设计中，模式耦合理论、表面等离子体共振效应以及拉曼散射效应等光与物质相互作用时发生的基本物理现象常被用作理论基础和辅助工具。这不仅拓宽了微结构光纤的应用范围，更使光学器件的性能得到了有效的提升。

2.4.1　模式耦合理论

光纤中的电磁波通常被认为是以表面模的形式传输的。一般情况下，光纤中任何的不对称性或者扰动（包括几何尺寸的变化、功能材料的填充和传输损耗的增加等）都会引起其中一种模式（包括能量和功率）向另一种模式的耦合。模式间的耦合现象对光纤宏观特性的影响具有双面性。一方面，光纤的模式耦合会造成不同信号间形成串扰且导致信号失真，这尤其不利于通信系统的发展；另一方面，紧密排列的光纤束或多芯光纤中不同纤芯间的模式耦合是方向耦合器和偏振分束器等光学器件制造的基本原理。因此，充分理解模式耦合理论对于本书的研究是十分必要的。

简单来讲，模式耦合理论就是研究波导受到扰动后不同模式间相互作用的基本规律，是由 Marcuse 和 Yariv 两人率先应用于光波导中的[101-102]，随后许多科研工作者在此基础上做了大量的工作。2009 年，中国科学技术大学的钱景仁提出用一阶线性常微分方程组来解决这类问题的思路[103]。以麦克斯韦方程组为出发点，利用本征模作为参考模来表示受扰动波导的电磁场，并结合边界条件推导出模式耦合方程组如下：

$$\frac{\mathrm{d}A_i^{\pm}}{\mathrm{d}z} = \mp \mathrm{j}\beta_i A_i^{\pm} - \sum_k K_{ik}^{\pm+} A_k^+ - \sum_k K_{ik}^{\pm-} A_k^- \quad (i, k = 1, 2, 3, \cdots) \quad (2.14)$$

式中，　　$A_{i,k}^{\pm}$——两个传输模式 i，k 沿传输轴 z 轴的正、反方向的幅度；

$K_{ik}^{\pm+}$，$K_{ik}^{\pm-}$——耦合系数，其上的符号分别代表 i，k 波的四种正、反方向情况。

为了尽可能地减小计算误差，不仅要考虑光波导的导模，还要对其辐射模进行离散化处理。求解条件一般可分为三种情况：弱耦合、强耦合和周期性耦合。此外，光波导中模式传输问题不仅包括同一波导中相互正交模式耦合，还包括不同波导间的耦合导致功率的降低，因此模式功率不正交问题也要考虑在内，此时耦合模方程将变为

$$\frac{\mathrm{d}}{\mathrm{d}z}\left(1 + \mathrm{j}\beta_i\right)\left(A_i + \sum_{k \neq i} g_{ik} A_k\right) = -\sum K_{ik} A_k \quad (2.15)$$

与式（2.14）不同的是，这里只考虑同向模传输情况。g_{ik} 为正交因子，当 i，k 模属于同一个光波导时，$g_{ik}=0$；当 i，k 模属于不同光波导时，满足[104]：

$$g_{ik} = \int_s \varepsilon_k \times h_i^* \cdot i_z \mathrm{d}s \qquad (2.16)$$

式中，s——对整个横截面积分。

尽管不同波导间的非正交功率的引入会增加求解难度，但在弱导耦合情况下每个波导的本征模（包括导模和辐射模）一般仅考虑 LP 模的状态，即 $g_{ik}^2 \ll 1$，这在一定程度上降低了求解难度。

事实上，为了求解耦合模式方程，需要把大量无关紧要的模式忽略，且每忽略一个模式将引入 $\left| K_{ik}/(\beta_i - \beta_k) \right|^2$ 量级的误差，此时 i 代表主模，k 代表被省略的模，K_{ik} 是 k 模与主模的耦合系数。所以，k 模可被忽略的条件是要保证：

$$\left| \frac{K_{ik}}{\beta_i - \beta_k} \right|^2 \ll 1 \qquad (2.17)$$

对于周期性耦合结构，该条件应为

$$\left| \frac{K_{ik}}{\beta_i \pm \beta_k - \dfrac{2\pi}{p}} \right|^2 \ll 1 \qquad (2.18)$$

即保证主模和被忽略模的传输常数差足够大。也可以根据式（2.17）和式（2.18）来描述两个主模间耦合过程时的能量交换。如在光通信波分复用系统中，要尽量增大不同信号间的传输常数差，以避免串扰；或者只要相位条件满足 $\beta_i = \beta_k$，就有可能产生全转换而发生强耦合，进而产生损耗峰值，这便是偏振分束器和传感器工作的基本原理。对于周期性结构来说，若满足 $\beta_i \pm \beta_k = \dfrac{2\pi}{p}$，能量在两个耦合模间沿耦合长度会呈周期性周而复始的交替变换，这就是典型的双芯或多芯偏振分束器的工作原理。

2.4.2 表面等离子体共振效应

表面等离子体共振效应因其独特的优势吸引了国内外研究学者的广泛关注，尤其是微结构光纤的出现，为表面等离子体共振效应提供了更新、更高的平台。基于表面等离子体共振效应的光学器件因体积小、质量小、易集成和灵活可控等优点越来越被人们熟知和认可，在食品检测、军事医疗、生命科学、信息通信和传感探测等领域展现了宽广的前景。

事实上，如图 2.7 所示[105]，当光从光密介质 n_1 以角度 θ_i 入射到光疏介质 n_2 中并发生全反射时，仍会有少部分光没有直接反射，而是先以折射角 θ_t 透射入光疏介质 n_2 内一定深度后再重新反射回光密介质 n_1 中，且这个透射波的振幅随着透射深度呈指数衰减，故命名为倏逝波，所形成的场称为倏逝场。从电磁场的连续性角度来分析也容易理解倏逝波存在的现象，因为无论是对于电场还是磁场而言，它们都不会在金属–绝缘介质的分界面处突然中断，一定会存在一段衰减的过程，即在金属中应该有透射波的存在。

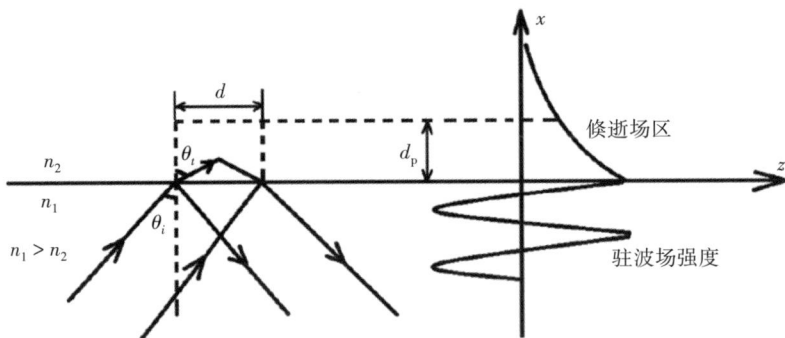

图 2.7 倏逝场示意图[105] 277-280

通常把倏逝波幅度减小到界面处的 $1/e$ 时所经过的深度定义为倏逝波的穿透深度 d_p，根据斯涅耳定律 $n_1\sin\theta_i = n_2\sin\theta_t$ 及全反射条件 $\theta_i \geq \theta_c($ $= \arcsin(n_2/n_1))$ 可知，必有 $\sin\theta_t = |n_1/n_2|\sin\theta_i \geq 1$，故得

$$\cos\theta_t = \pm j\sqrt{\frac{n_1^2}{n_2^2}\sin^2\theta_i - 1} \qquad (2.19)$$

式中，n_1，n_2——光密介质和光疏介质的折射率；

　　θ_i，θ_t，θ_c——入射角、折射率和全内反射临界角。

当光疏介质具有一定的吸收特性时，其复折射率表示式为

$$n_2 = n_{2r} + jn_{2i}, n_{2r} \gg n_{2i} \tag{2.20}$$

式中，n_{2r}——光疏介质的有效折射率实部，决定光波的传播速度；

　　n_{2i}——有效折射率虚部且代表衰减系数，反映光波在传播时振幅的衰减
　　　　特性。

由此可见，光波的传播常数 β 也可表示为复数形式：

$$\beta = \beta_r + j\beta_i, \beta_i = k_0 n_{2i} \tag{2.21}$$

将式（2.19）至式（2.21）代入电场强度方程，可得 d_p 的表达式为

$$d_p = \frac{\lambda}{2\pi n_1 \dfrac{n_{2r}}{|n_2|} \sqrt{\sin^2\theta_i - n_2^2/n_1^2}} \tag{2.22}$$

式中，若 $n_{2i} \ll n_{2r}$，即 $n_{2r}/|n_2| \approx 1$，则式（2.22）可简化为

$$d_p = \frac{\lambda}{2\pi n_1 \sqrt{\sin^2\theta_i - \sin^2\theta_c}} \tag{2.23}$$

由式（2.23）能够得到，光在金属-介质界面处的穿透深度只有波长量级的尺度范围。

倏逝场激发的金属表面自由电子与倏逝波相互耦合时形成的一种非辐射电磁模式就是表面等离子体波（surface plasmon wave，SPW）[106]，又称表面等离子体基元（surface plasmon polaritons，SPP）或表面等离子体（surface plasmons，SP）。SPW 被认为是沿金属-绝缘介质界面传播的电磁波[107]，图 2.8 给出了一种最简单的情况，沿分界面方向被定义为 z 轴，上方为金属导体区域，下方为电介质区域，可以清晰地看到 SPW 是以传播常数 k_{spp} 沿 z 轴传播的。根

据倏逝场对 SPW 的调制作用，且由图中 k_{spp} 的变化曲线可知，SPW 在分界面处的强度最集中并沿法线方向向外呈指数衰减。

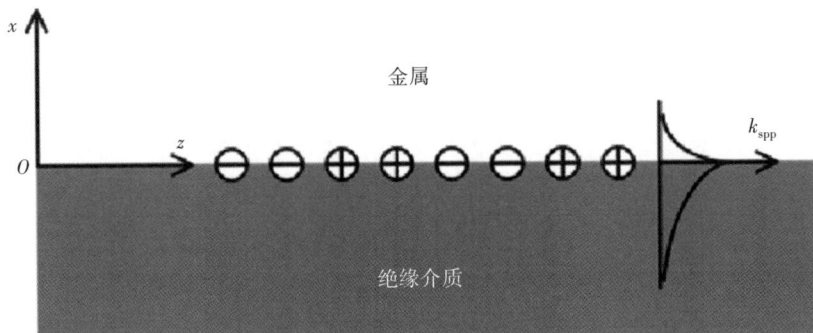

图 2.8　金属和绝缘介质界面处的 SPW [107]

倏逝场的存在是引起表面等离子体共振效应的必要条件。当调整入射光角度或入射波长到某一值使得光进入金属表面时，若满足 SPW 与入射光的频率和波数相等的条件，即符合相位匹配条件，入射光会与 SPW 发生共振耦合，即发生了表面等离子体共振效应。表面等离子体共振效应实际上属于金属的表面等离子体模式和纤芯模式间的一种强耦合现象。发生表面等离子体共振效应时，入射光的大部分能量会转移到 SPW 中，导致透射光增加、反射光减少，宏观反映在透射谱中的共振吸收峰。而且，吸收峰的位置和幅度是受金属表面的介质折射率影响的。所以，可以根据传输谱中吸收峰的变化反向推断外界环境中的折射率以及其他物理参量的变化情况，可广泛应用于折射率传感、分子特异性检测、光谱分析和通信滤波等光学领域。

2.4.3　拉曼散射效应

当光作用在物质上时，会发生散射现象，这种现象会以散射光的形式表现出来。散射光主要分为三种形式：拉曼散射、布里渊散射和瑞利散射，它们分别对应不同的散射光谱。其中，拉曼散射光谱是一种光照射到物质表面所产生的非弹性散射光谱。印度科学家拉曼（Raman）通过对散射光进行分析整理得到了拉曼光谱与分子振动和转动方面存在的密切关系[108]。每种分子或原子内部在光的激发下具有不同的振动模式，从而拥有不同的拉曼散射方式并以各异的拉曼散射光谱呈现出来。所以，可以基于拉曼散射效应的特异性来识别和判断不同分子的化学功能团，即拉曼光谱分析法可以为待检测分析物提供特异性的"指纹"信息。如在生命科学和生物医学领域，拉曼效应对于检测和区分人类身体内的血液、细胞、组织的病变状态具有十分重要的意义；在光学传感技术方面，基于拉曼散射效应的研究历经几十年，形成了坚实的理论基础，被视作非常有用的工具，目前广泛应用于对固体、液体和气体的浓度检测中。

拉曼散射效应按照激发条件的不同主要分为两种：受激拉曼散射（stimulated Raman scattering）和自发拉曼散射（spontaneous Raman scattering）。受激拉曼散射信号的强度很高，常用作高功率可调谐非线性激光器的制备方面。但这种拉曼散射对激发光源的要求极高，需要昂贵的、精密的实验设备和启动设施，而且操作光路冗杂，难于搭建。自发拉曼散射效应所产生的信号强度较弱，只与激发波长的 4 次方成反比[109]，这种微弱的信号增加了检测的难度，同时限制了检测极限的提高。然而，相比于受激拉曼散射而言，自发拉曼散射容易产生，不需要昂贵的实验设备和复杂的操作平台，因此，在基础光学传感研究方面仍然具备一定的价值，也是本书所采用的一种基本原理。

为增强检测灵敏度，目前用于增加拉曼散射效应的方式主要有两种：一种是金属基表面增强拉曼散射（surface enhanced Raman scattering，SERS），另一种是空芯光纤基增强型拉曼散射（fiber enhanced Raman scattering，FERS）。SERS 通过恰当的方式使分析物分子吸附在金属薄膜或金属颗粒上，利用表面等离子体共振效应引起的金属表面局域场的增强效果来提高散射强度。SERS 技术因其检测信号强、速度快和免标记等优点在光学传感领域中占有重要地位，已经被许多研究小组作为生物医学领域的一种强有力的工具。FERS 利用空芯光纤作为传输媒介，通过把待测分析物填充到光纤的空气芯中来增加光与物质间的相互作用，从源头上使拉曼散射信号得到增强。同时，空芯光纤相比于实芯光纤而言，因为绝大部分的光是在空气或所填充的分析物中传输的，所产生的石英的背景拉曼干扰很弱，这也是它用于拉曼传感检测的一大优势。本书主要基于空芯微结构光纤的 FERS 技术实现对自发拉曼散射信号的增强和分析物的传感。

▶▶ 2.5 本章小结

本章主要介绍了研究微结构光纤光学特性时常用的基本原理，包括光纤的传输机制和光在微结构光波导中的亥姆霍兹方程的推导。此外，还给出了几种用于模拟微结构光纤基本光学特性的数值分析方法，并重点描述了本书所采用的有限元法。最后，阐述了在设计光学器件时需要用到的一些辅助理论（包括模式耦合理论、表面等离子体共振效应和拉曼散射效应）及一些基础物理现象的由来、成因和作用机理。本书的研究工作主要在以上理论和原理的基础上完成的。

第3章 基于模式耦合理论的双芯微结构光纤偏振分束器研究

    光是一种横电磁波，它的偏振是指光束电矢量的方向以不同振动方式活跃在与传播方向垂直的二维空间里。偏振是光的一个很重要的特性，在许多方面都呈现出了广泛的用途，如在卫星通信中，采用两束同频率且相互正交的电磁波能显著提升信号的传输速率；在生物医学工程中，可利用信号的偏振输出效应实现对皮肤癌的早期检测；在量子密码技术中，具有不同偏振态的激光光束能为保密通信系统提供便利的工具；在光学系统中，偏振分束器和偏振滤波器是集成光子学、光纤通信和波分复用等领域非常重要的基本元件。

    偏振分束器是使输入光的两个相互正交偏振模在双芯或多芯光纤中传输一定距离后分别从两个不同端口输出、最终实现偏振模态分离的一种光学器件。传统分束器大多基于长周期光栅、多模干涉结构、等离子体波导、马赫-增德尔干涉仪和方向耦合器等方式来实现，自从 Peng 等人于 1990 年报道了第一个基于双椭圆芯光纤的偏振分束器以来[110]，双芯光纤就一直被用作偏振分束的理想载体。其根本原理是，光纤中的模式耦合效应和双折射特性使两正交偏振模间的耦合长度比（coupling length ratio，CLR）发生变化。大量研究结果证明，光纤所具有的双折射特性越高，模式耦合匹配越容易实现，所表现出来的偏振态就越好。短长度、高消光比、宽带宽和平坦色散等优良特性一直以来是偏振分束器所追求的目标，其中，长度的减小和消光比的提高对于集成光子学领域的蓬勃发展具有关键性作用。但复杂的制备工序和庞大的体积等缺陷已阻碍其向集成光学器件领域进一步渗透，微结构光纤的诞生为这一目标的实现提供了前所未有的机会。微结构光纤由于具有新颖独特的光学特性已经被认为是摆脱传统光学器件局限性的重要突破口，且其灵活可控的包层空气孔排列结构更为双折射特性的提高和功能型材料的填充提供了良好的平台，因此成为光偏振元器件的重要载体。

　　基于微结构光纤的偏振分束器件按照工作机理一般可分为两类：一类是基于三芯光纤中纤芯间的共振隧穿效应来实现偏振分束[111]；另一类则是简单地基于双芯光纤中的高双折射特性来实现。双芯微结构光纤中的高双折射特性使得两个相互垂直的偏振模态间的耦合长度产生差异，为偏振分离提供了可能。2003 年，清华大学的 Zhang 和 Yang 两人利用高双折射效应，设计了一种基于微结构光纤的长度只有 1.715 mm 的偏振分束器件，ER 低至 10 dB 的 BW 为 40 nm，图 3.1 显示了当向光纤的一个纤芯中注入一束高斯光束时 ［图 3.1 (a)］，在传输 1.715 mm 距离后，从输出端观察到的两个偏振态（x 方向和 y 方向）分别从两个纤芯中的耦合和分离过程 ［图 3.1(b) 和图 3.1(c)］[112]。

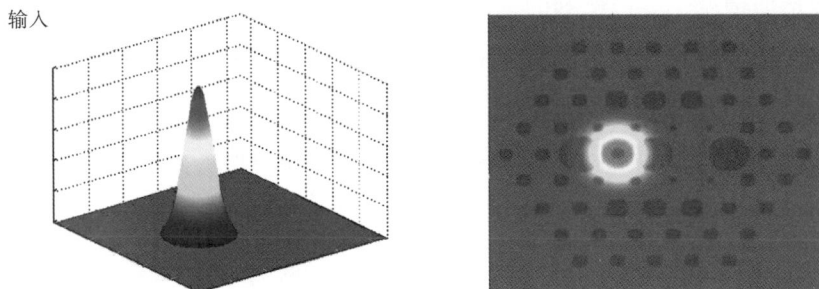

（a）入射光的高斯分布

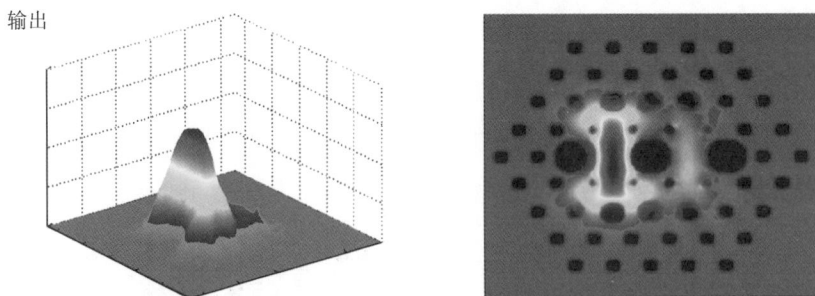

（b）x 偏振方向的场分布

输出

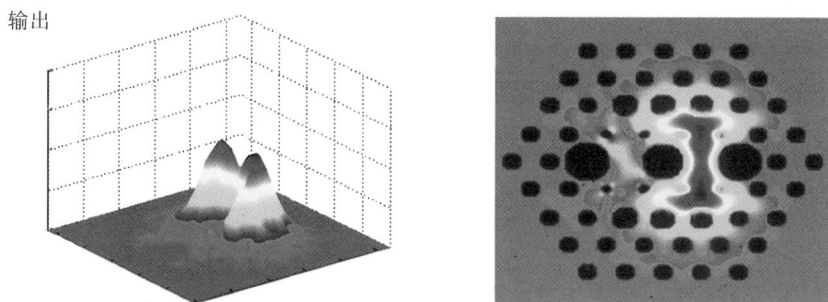

（c）y 偏振方向的场分布

图 3.1　入射光的高斯分布及其在光纤中传输 1.715 mm 后的场分布[112]

偏振分束器可具体分为两种类型：偏振相关分束器（同一波长下的两个不同偏振态的分离）和偏振无关分束器（一束光的两个不同波长的分离）。虽然目前基于双芯微结构光纤的各种偏振分束器件的研究成果层出不穷，各自也都具有一定的优势，但消光比仍然没达到理想的状态，在 ER、传输长度和 BW 等各参数间协调融合方面还需科研工作者深入地探究。本书主要针对偏振相关分束器这一方面进行系统的设计和讨论。

▶▶ 3.1　石英基八角晶格双芯微结构光纤在 1.55 μm 处的偏振分束特性

研究基于微结构光纤光学器件的思维导图如图 3.2 所示。首先，应以实际的功能需求为出发点，明确要基于微结构光纤来设计具备何种性能的何种光学器件（如偏振分束器、偏振滤波器或传感器等），并结合研究领域内现有的基础成果以及存在的问题，确定预期目标；依据预期目标在仿真软件 Comsol Multiphysics 中进行几何建模；利用有限元法并结合边界条件对光纤模型所满足的亥姆霍兹方程进行推导和求解，同时进行性能模拟和优化，从而得出最优解。其次，掌握模式耦合理论、表面等离子体共振效应和拉曼散射效应并学会用这些基本的物理原理解释物理现象；参照仿真模拟的最优解进行光纤拉制，得到成品。最后，搭建实验光路，完成结果验证。若结果满足预期标准，则可进行后续光学器件的连续化和产业化应用环节；若结果与预期存在偏差，则需要通过结果对比寻找原因，继续对几何建模环节进行适当的调整和补充，循环往复，最终达到理想的状态。当前，关于微结构光纤的制备和实验验证仍然不够成熟，会造成许多不必要的人力、物力的浪费，需要一定的理论支撑和完善。因此，几何建模和模拟仿真环节在微结构光纤的发展进程中凸显了十分重要的地位，对于微结构光纤的研究起到了理论奠基的作用。

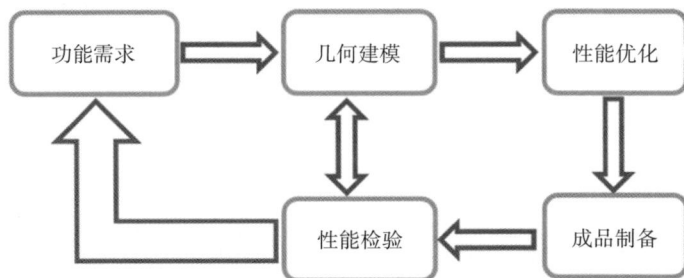

图 3.2　研究基于微结构光纤光学器件的思维导图

3.1.1　几何结构参数

随着科技的不断发展，微结构光纤的制备工艺已经得到了很大程度的提升。许多具有不同结构的光纤都能被拉制出来并活跃在不同的应用领域。其中，最简单的就是利用包层与纤芯间折射率的微小差异来传导光的折射率引导型微结构光纤，因此首先选择这类实芯光纤作为研究对象。Chiang 等人曾报道，在相同的参数下，包层结构为八角晶格排列的微结构光纤比六角晶格型具有更灵活的特性[113]。受此启发，本部分首先利用有限元法模拟仿真了一种八角晶格型双芯微结构光纤的偏振分束特性，并讨论了其几何参数对输出性能的影响。

图 3.3 为八角晶格微结构光纤截面图。基底材料为石英，包层空气孔以八角晶格形式紧密排列，空气孔的直径用 d_1 表示，孔间距为 Λ。此外，对称排列的四个大空气孔和正中间的小空气孔的直径分别用 d_2 和 d_3 来表示，用来对微结构光纤的双折射特性和非对称性进行调控。

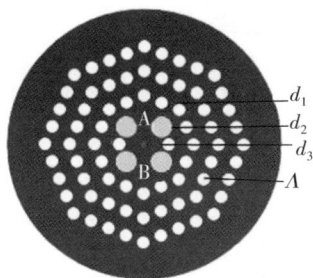

图 3.3　八角晶格微结构光纤截面图

基于获得较高偏振分束特性的设计理念，图 3.4 中给出了这种非对称型八角晶格双芯微结构光纤的设计思路，同时为后面章节中不同类型微结构光纤的设计和研究提供了基本的参考。首先，在 Comsol Multiphysics 中建模得到是对称型的八角晶格排列结构［图 3.4(a)］，采用把中间的两个空气孔移除且用石英棒来代替的方式分别形成纤芯 A 和 B，构成双芯光纤［图 3.4(b)］。为了破坏光纤的结构对称性，同时引起高双折射效应，以传统的熊猫型高双折射光纤具有高保偏特性的特点为基础，选择纤芯周围 4 个对称空气孔的尺寸作为可调谐变量［图 3.4(c)］，直径用 d_2 表示。此外，将两个纤芯中间（正中间）的空气孔作为调制孔，以调节纤芯之间的硅桥面积并充分发挥硅桥的作用［图 3.4(d)］，有利于模式的耦合与分离。在此基础上继续对构建的光纤模型进行几何尺寸优化，最终得到理想的结构参数［图 3.4(e)］，以便为性能的深入研究打好基础。

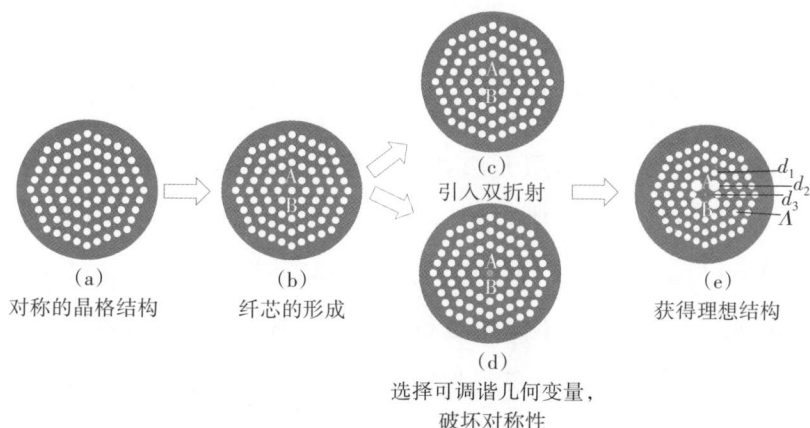

图 3.4　非对称型八角晶体双芯微结构光纤的结构设计框图

3.1.2 有限元法的求解思路

有限元法的基本原理是将连续的求解域进行离散化处理，把无限大求解区域分解成有限个微小单元网格，利用节点和插值函数对网格单元进行求解，再把求得的所有单元的场进行叠加，即可模拟原本复杂的物理场，这种方法大大地降低了求解难度。可以将有限元法的思路理解为从整体到局部，再从局部到整体的过程。网格划分的数量可以根据求解域的复杂程度来灵活控制，网格划分得越精细，数量越多，叠加场越接近真实场，求解精度就越高。当然，网格数量增多，计算量也会变大，所需时间和成本也相应提高，图 3.5 中给出了不同形状空气孔对应的不同网格剖分方式和网格数量的示意图。因此，应根据区域复杂度和实际需求来平衡计算效率与精度的折中问题。

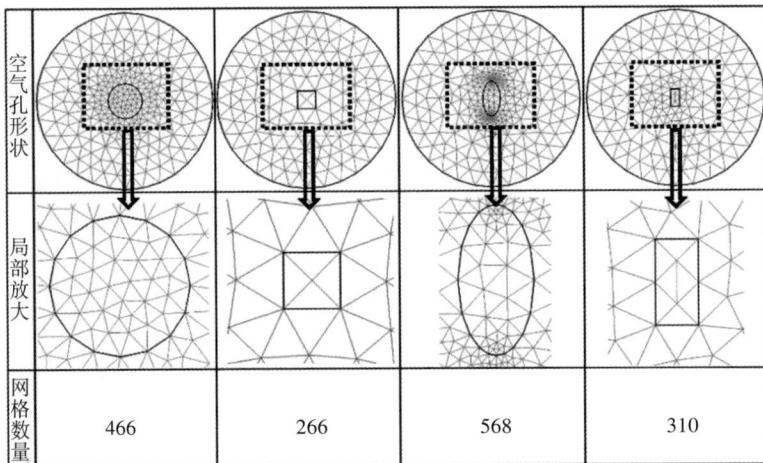

图 3.5 不同形状空气孔对应的网格剖分方式和网格数量

如图 3.6 所示，利用有限元法对微结构光纤的传输特性进行数值仿真的具体步骤包括：在 Comsol Multiphysics 软件中构建微结构光纤的截面并按比例缩放 [图 3.6(a)]；在光纤包层的外部设定完美匹配层 (perfect matched layer，PML)，以吸收来自不同角度和方向的辐射波并提高计算精度 [图 3.6 (b)]；对要计算的截面进行三角形网格区域剖分，形成若干个小单元 [图 3.6(c)]，对本部分中的双芯微结构光纤来说，共剖分出的三角网格单元数量为 15592 个；选择柱坐标系并结合散射边界条件（scattering boundary condition，SBC）来求解运算；最后结合 MATLAB 软件对光纤所满足的亥姆霍兹方程在不同波长下进行连续性求解，并根据提取出来的一系列数据参量来分析和优化光纤的传输特性。

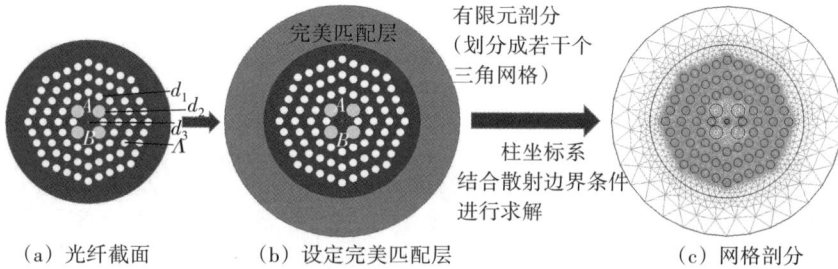

（a）光纤截面　　　（b）设定完美匹配层　　　　　　（c）网格剖分

图 3.6　利用有限元法进行数值仿真的示意图

3.1.3　基本光学特性分析

为使仿真结果更加精确，基质材料的色散也需要考虑进来。石英作为目前最适用于低损耗光传输的波导材料，其材料色散可由 Sellmeier 方程得到[114]

$$n_{\mathrm{silica}}(\lambda) = \sqrt{1 + \frac{A\lambda^2}{\lambda^2 - D} + \frac{B\lambda^2}{\lambda^2 - E} + \frac{C\lambda^2}{\lambda^2 - F}} \tag{3.1}$$

式中，λ——自由空间波长；

A，B，C，D，E，F——常数，分别为 0.691663，0.407943，0.897479，0.004679，0.013512，97.934003。

空气孔的折射率设定为 1。

光纤的几何参数（包括孔间距、空气孔直径、纤芯直径和形状及中心调制孔的直径等）的变化会直接影响其光学特性的输出，进而影响其耦合性能和偏振分束能力。基于此，我们分析了光纤的一些基本光学特性随着几何结构参数的改变情况，以期通过不断的优化得到性能优良的光纤基光学器件。初始几何参数设定为 $\Lambda = 2 \ \mu\mathrm{m}$，$d_1 = 1.1 \ \mu\mathrm{m}$，$d_2 = 1.75 \ \mu\mathrm{m}$，$d_3 = 0.6 \ \mu\mathrm{m}$。为了比较和突出功能型材料与微结构光纤的结合所带来的优势，我们研究了光纤的包层空气孔中没有任何材料填充时的传输特性。

3.1.3.1　有效折射率

根据模式耦合理论，双芯光纤中存在着 4 种超模的状态：在 x 偏振方向保持同向的 x 偶模、在 x 偏振方向保持反向的 x 奇模、在 y 偏振方向保持同向的 y 偶模和在 y 偏振方向保持反向的 y 奇模，如图 3.7 所示。利用有限元法可分别求解得到这 4 种超模的传输常数，由于在横截面处引入了几何结构的不对称性，因此，x 和 y 两个偏振方向会具有不同的传输常数以及耦合长度。

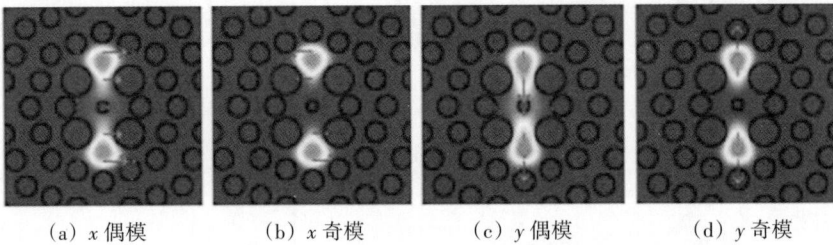

（a）x 偶模　　（b）x 奇模　　（c）y 偶模　　（d）y 奇模

图 3.7　横向电场矢量分布图

有效折射率 n_{eff} 和传输常数 β 成正比，β 可通过对该八角晶格双芯微结构光纤的亥姆霍兹方程求解得到。图 3.8 分别给出了该八角晶格双芯微结构光纤在 x 和 y 两个偏振方向上的 4 个超模的有效折射率随波长的变化曲线。根据式（3.1）中所描述的波导色散与有效折射率之间的关系，该曲线也可在一定程度上表征光纤的模式色散特性。

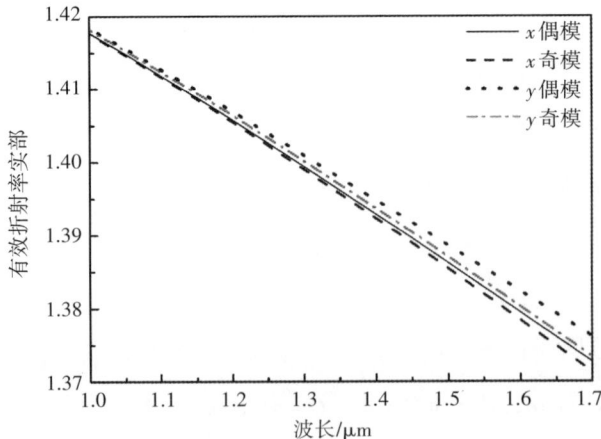

图 3.8　4 种超模的有效折射率随波长的变化

从图 3.8 能够观察到，在波长从 1.0 μm 变化到 1.7 μm 时，无论是 x 偏振方向还是 y 偏振方向，它们的模式有效折射率都随着波长的增加呈减小趋势。由于在纤芯附近形成了高度的几何不对称性，导致两个垂直方向模式的有效折射率间产生了差异。而且，y 方向偏振模式的有效折射率始终大于 x 方向偏振模式的有效折射率。有效折射率的实部与虚部分别与光纤的色散和损耗特性相关，所以研究有效折射率的变化规律在获取更优良的光纤传输特性方面具有重要的意义。

3.1.3.2　双折射特性

从图 3.8 已经得到了非对称光纤不同超模间的有效折射率 n_{eff} 存在差异的结论；与此同时，由光纤几何结构的不对称性引入了双折射效应，且双折射度可由式（1.2）得到。图 3.9 中给出了相应的双折射度在不同波长下的取值。从图中可观察到，双折射度随着波长的增加而增加，这一特性与 n_{eff} 差值的变化情况是完全一致的，且覆盖 1.0 ~ 1.7 μm 的整个波长范围的双折射度 B 都可达到 10^{-3} 以上的数量级。由于微结构光纤的几何结构与光学特性间的依赖关系，本部分同时在图 3.5 中讨论了大空气孔直径 d_2 的不同取值下，双芯光纤的双折射特性随波长的变化情况。图中仅给出了 B 值较高的偶模间的双折射特性，奇模间的特性可用类似的方法得到且变化规律相同。无论 d_2 取值为多少，双折射度均是随着波长的增加而增加的。但在任意一个固定的波长位置，双折射度随着 d_2 的增加呈下降趋势，因此并不是引入的不规则空气孔越大，产生的双折射效应就越高，而是存在一个临界值，使得两个偏振模式的有效折射率差值最大。在实际应用中，需要通过逐步优化来寻找这一临界值，这更加体现了模拟仿真在构建模型和理论预测过程的重要性。此外，1.31 μm 和 1.55 μm 是在通信系统中较常用的两个损耗比较低的波段，为进一步促进理论模拟和实际应用的有机衔接，本部分关于偏振器件的研究主要聚焦这两个波长来讨论。从图中还可以得出，本部分所设计的结构在 1.55 μm 通信波长处的双折射度可达 2.5×10^{-3}。

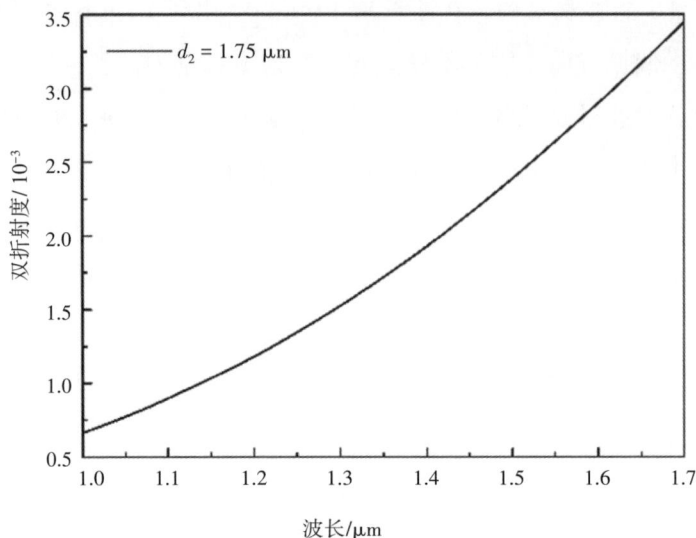

（a） $d_2 = 1.75\ \mu m$

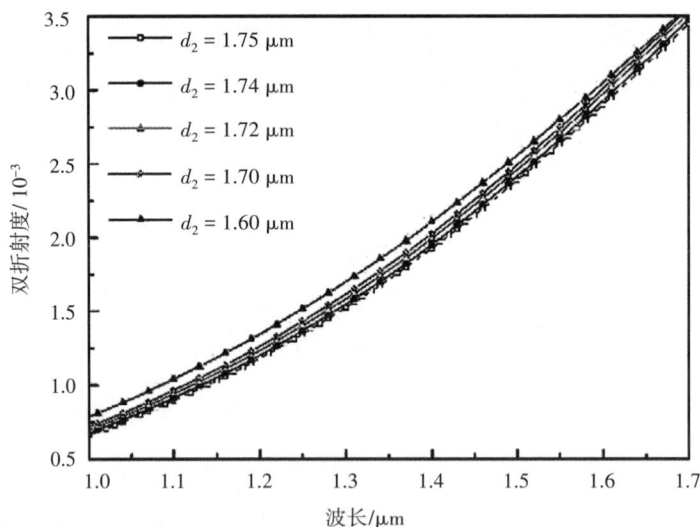

（b） d_2 从 1.60 μm 增加到 1.75 μm

图 3.9　不同 d_2 下双芯微结构光纤的双折射度对波长的依赖关系

3.1.3.3　限制损耗特性

光纤的限制损耗是决定光学系统中信号传输特性好坏的一个较为重要的因素，它将直接影响通信系统中数据的传送效率和失真程度。因此，限制损耗在模拟仿真环节扮演着不可忽略的主要角色。限制损耗 L 的大小可由有效折射率 n_{eff} 的虚部来得到 [115]

$$L = 8.686 \times \frac{2\pi}{\lambda} \text{Im}(n_{\text{eff}}) \times 10^6 \qquad （3.2）$$

式中，L——限制损耗，dB/m；

　　　λ——自由空间波长，μm；

　　　Im——对有效折射率 n_{eff} 取虚部。

图 3.10 分别给出了两个偏振方向偶模的限制损耗随着传输波长的变化规律。限制损耗随着波长的增加而增大，这一规律与有效折射率的虚部随波长的变化情况一致。此外，同样考虑大空气孔直径 d_2 的改变对损耗特性的影响，这里仍然以两个垂直偏振方向的偶模为例。随着 d_2 从 1.70 μm 增加到 1.75 μm，与双折射度的变化趋势恰好相反，光纤的限制损耗随着 d_2 的增加而增大。当 d_2 不断增加时，纤芯区域被挤压得更明显，导致模场的泄漏程度变大，宏观体现在限制损耗的增加。但从整体上看，损耗的取值依然保持在极低的范围内，最大时仅为 3.27 dB/m，这为该八角晶格双芯微结构光纤在低损耗传输方面的应用奠定了理论基础。

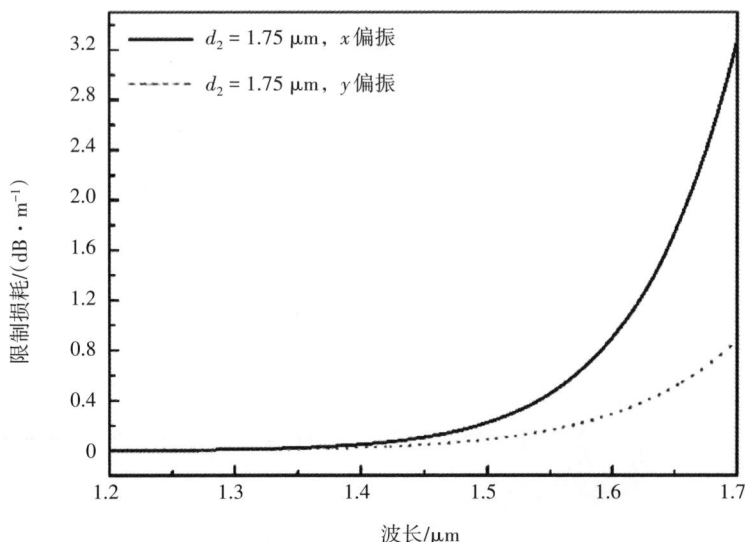

（a）d_2=1.75 μm

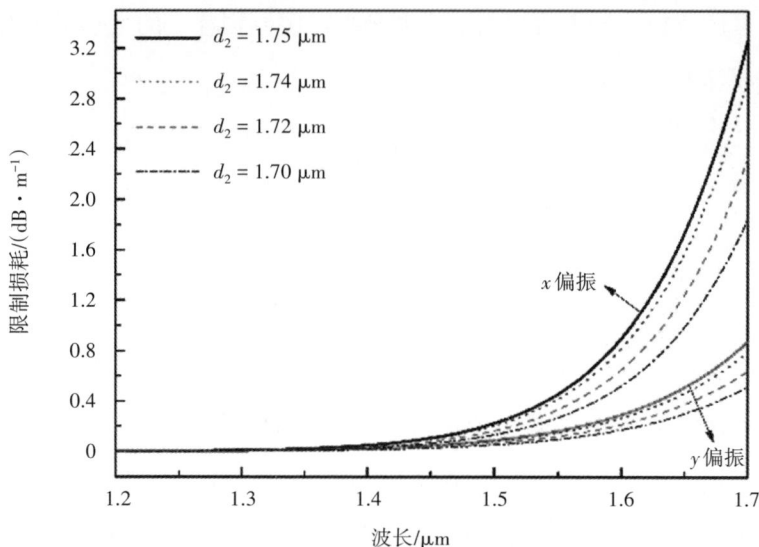

（b）d_2 从 1.70 μm 增加到 1.75 μm

图 3.10 不同 d_2 下双芯微结构光纤的限制损耗对波长的依赖关系

3.1.4 偏振分束特性分析

在分析完光纤的几何参数与其基本光学特性间的依赖关系后，我们继续研究利用该双芯光纤制备偏振分束器件的潜能。模式耦合理论在评估光学器件的偏振分束性能时扮演了十分重要的角色。根据模式耦合理论，当一束高斯光束从双芯光纤的其中一个芯进入并传输一定距离以后，它的全部能量转换到另一个纤芯中的距离称为模式耦合长度（coupling length，L_i），双芯光纤的模式耦合长度 L_i 可由奇模和偶模的传输常数定义为[116]

$$L_i = \frac{\pi}{\beta_e^i - \beta_o^i} = \frac{\lambda}{2(n_e^i - n_o^i)}, \quad i = x, y \tag{3.3}$$

式中，β_e^i、β_o^i——i 偏振方向的奇模和偶模的传输常数；

n_e^i、n_o^i——i 偏振方向的奇模和偶模的有效折射率；

λ——自由空间波长。

分别用 A 和 B 表示两个纤芯，则两个偏振模式在双芯光纤输出端的能量

分配可分别通过式（3.4）和（3.5）计算得到[117]

$$P_{\text{out, A}}^{i} = P_{\text{in}}^{i}\cos^2(\frac{\pi z}{2L_i}),\, i = x, y \tag{3.4}$$

$$P_{\text{out, B}}^{i} = P_{\text{in}}^{i}\sin^2(\frac{\pi z}{2L_i}),\, i = x, y \tag{3.5}$$

式中，$P_{\text{out, A}}^{i}$，$P_{\text{out, B}}^{i}$——x 偏振模式和 y 偏振模式在 A 和 B 两个纤芯中的输出
　　　　　功率；

　　　　P_{in}^{i}——输入功率；

　　　　z——沿光纤轴线方向传输的距离；

　　　　L_i——耦合长度。

　　由公式可直观地得出，若选择合适长度的光纤，可以使得光的两个不同方向的偏振态分别在 A 芯和 B 芯中输出，从而达到分光的目的。

　　另外，消光比是衡量器件偏振分束特性好坏的一个重要参量。它被定义为一个偏振态和与其垂直的偏振态在同一个纤芯中输出能量的比值，表达式为[118]

$$ER = 10\lg\frac{P_{\text{out}}^{x}}{P_{\text{out}}^{y}} \tag{3.6}$$

式中，P_{out}^{x}，P_{out}^{y} 分别代表 x 偏振模式和 y 偏振模式在同一个输出端的能量，ER 的单位为 dB，其正负仅代表相对取值，即假定以 A 芯作为参考的输出端，那么，若 x 偏振方向从 A 芯输出，而 y 偏振方向从 B 芯输出，则此时的 ER 取值为正；反之，若 y 偏振方向从 A 芯输出，而 x 偏振方向从 B 芯输出，此时 ER 的取值为负。这说明 ER 的绝对值越高，两个偏振态被分离得越好。

3.1.4.1　耦合特性

　　根据式（3.3）可计算求得光纤的模式耦合长度，图 3.11(a) 给出了当 d_2 从 1.70 μm 增加到 1.75 μm 时，x 偏振方向和 y 偏振方向的模式耦合长度对传

输波长的依赖关系。从图中能明显地得出，对于每一个恒定的 d_2，两个偏振模式的耦合长度都随着波长的增加而减小。然而，随着 d_2 的尺寸逐渐增大，x 偏振方向和 y 偏振方向的耦合长度成正比例增加。

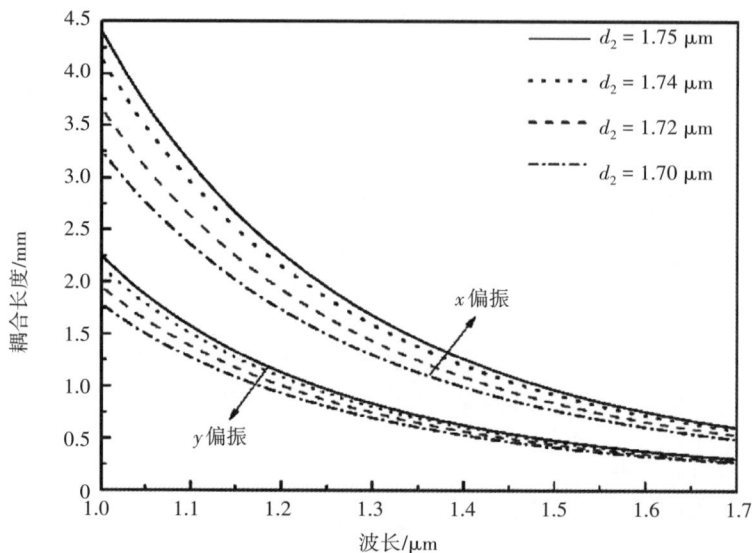

（a）耦合长度对波长的依赖关系

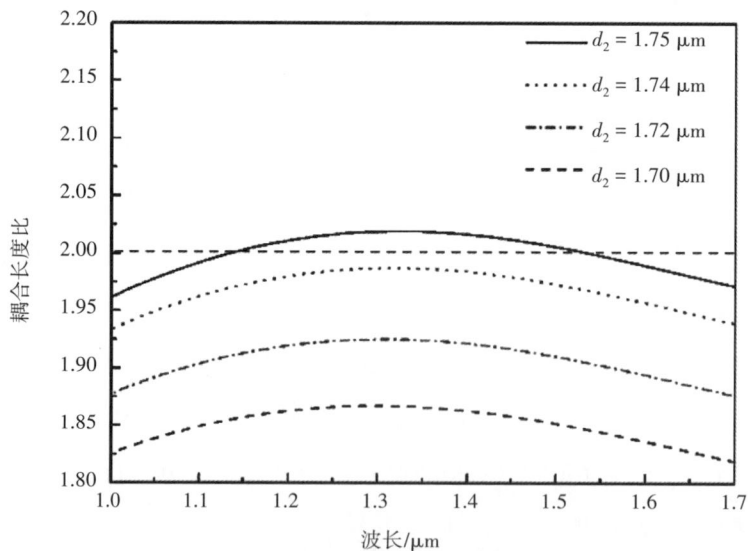

（b）耦合长度比对波长的依赖关系

图 3.11　当 d_2 从 1.70 μm 增加到 1.75 μm 时 x 偏振模式和 y 偏振模式的耦合长度及其耦合长度比对波长的依赖关系

两个不同偏振模式间的耦合长度比可表示为[119]

$$CLR = \frac{L_x}{L_y} = \frac{m}{n} \tag{3.7}$$

根据模式耦合理论，对于任意给定的波长，若满足 m 和 n 为互不相等且奇偶性各异的正整数，那么在传输距离 $z = mL_x = nL_y$ 处，入射到双芯光纤中的光的两个相互垂直的偏振模态可以分别从两个不同的传输通道中分离出来。

为获得具有短传输长度和高消光比的高性能偏振分束器，简单起见，不妨寻找令 CLR 的值为 2（$L_x > L_y$）或 1/2（$L_x < L_y$）时对应的几何参数。图 3.11（b）中反映了不同的空气孔尺寸 d_2 下的 CLR 随波长的变化曲线。不难发现，随着传输波长向长波方向移动，CLR 都经过了先增加后减小的变化过程，即在 CLR 曲线中能观察到一个凸起的峰值，这种现象是由 x 和 y 两个偏振方向耦合长度变化幅度的不一致性造成的。图中的水平虚线代表 CLR 的值等于 2.00；随着 d_2 的增加，CLR 的值逐渐接近 2.00，当 $d_2=1.75\ \mu m$ 时，CLR 的值在 1.15 μm 和 1.55 μm 处分别等于 2.00。所以，根据模式耦合理论可认为，1.15 μm 和 1.55 μm 两个波长的光分别在光纤中传输一定距离后，其基模的两个相互垂直的偏振模态一定能够被分离出来，而 1.55 μm 恰好是低损耗通信波段。这也同时说明，可以通过在结构建模和设计环节合理地调节几何参数使得 CLR 满足偏振分离的条件，进而实现偏振分束器件。

3.1.4.2　分束特性

从图 3.11（a）中可得，当 $d_2 = 1.75\ \mu m$ 时，x 和 y 两个偏振方向模态在 1.55 μm 处的耦合长度 L_x 和 L_y 分别为 0.8518 mm 和 0.4263 mm，满足 $L_x/L_y \approx 2$。假设一束 1.55 μm 波长的光从纤芯 A 中入射到双芯微结构光纤时，那么在 A 芯和 B 芯的输出端得到的两个偏振模的归一化功率随着传输距离 z 的变化可分别由式（3.4）和式（3.5）获得，结果如图 3.12 所示。由图可见，当传输距离 $z = 0.8518\ mm = L_x = 2L_y$ 时，y 偏振模态在 A 输出端的输出功率为 1，x 偏振方向在 A 输出端的模式输出功率为 0，即光在光纤中传输了距离 L_x 后实现了两个偏振方向模态的分离效果。

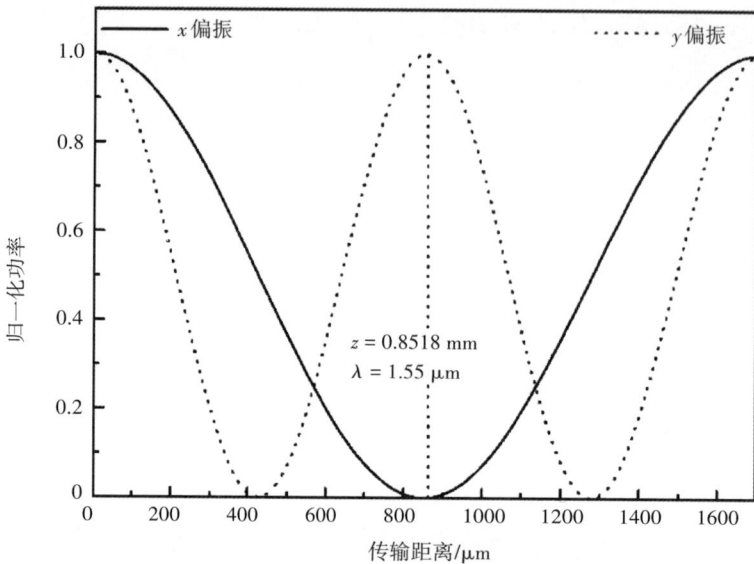

图 3.12 在 1.55 μm 通信波长处双芯微结构光纤的 *x* 偏振模式和 *y* 偏振模式的归一化功率

随传输距离的变化规律

    而且，随着传输距离 *z* 继续增加，当满足 $z = 2 \times 0.8518$ mm $= 1.7036$ mm 时，这两个偏振模态又会重新回到同一个纤芯中，实现耦合的效果。整个分离和耦合的过程随着 *z* 的增加呈周期性变化的，循环往复、周而复始，属于周期性耦合的特征。因此，光在本节所设计的双芯微结构光纤中传输一段距离后可实现偏振分束的效果，所需的最短光纤长度为 0.8518 mm。

    在以上研究结论的基础上，继续探讨决定偏振分束性能好坏的另一参数——*ER* 和波长 *λ* 之间的依赖关系，结果如图 3.13 所示。由图可见，在 1.55 μm 波长处的消光高达 −175.01 dB，且 *ER* 低于 −20 dB 的 *BW* 为 75 nm （从 1513~1588 nm）。这些参数都表征该光纤在 1.55 μm 通信波长处具有优良的偏振分束功能，0.8518 mm 的短长度能为集成光子学系统的研发提供基础元件，−175.01 dB 的高消光比能够极大限度地降低两个方向偏振模态的干扰。

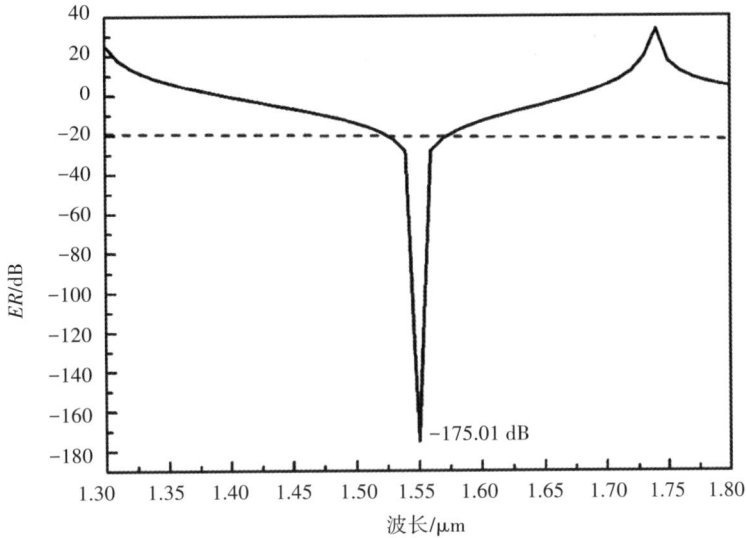

图 3.13　双芯微结构光纤的 *ER* 随波长的变化曲线

事实上，光纤在拉制工艺中，温度、湿度、压力等外界不可控因素的存在一定会产生不可避免的尺寸误差和性能差异，这会在一定程度上导致理论仿真和实验操作的误差，所以尽可能地减少这种误差有利于性能的提升和器件的稳定。对此，本部分继续讨论当 d_2 发生微小变化时，*ER* 及 *BW* 的变化情况，如图 3.14 所示。为了方便观察和比较，表 3.1 中列出了在 1.55 μm 波长附近的每一

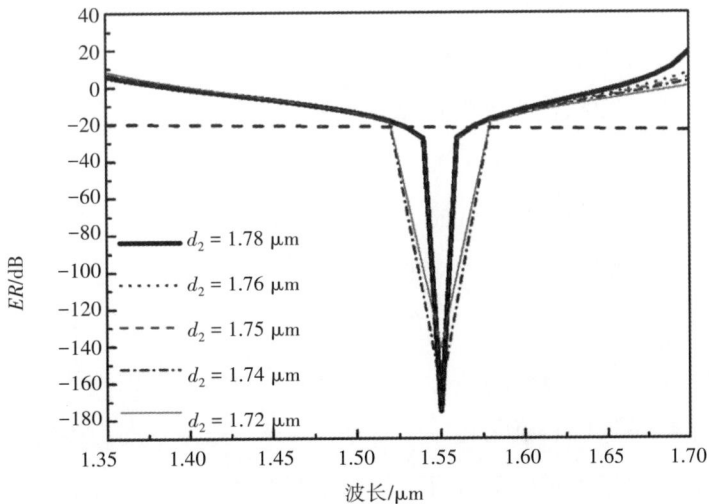

图 3.14　当 d_2 从 1.72 μm 增加到 1.78 μm 时 *ER* 和 *BW* 随波长的变化

个 d_2 值对应的 ER 和 BW。从表中能清晰地看到，无论 d_2 在 1.75 μm 附近的小幅度增大还是减小，ER 和 BW 基本没有明显的变化。由此可判断出八角晶格型双芯微结构光纤的结构稳定性强，制备容差很高，可以允许一定范围的尺寸误差，这也为后续的光纤拉制和实验验证环节提供了有力的参考。

表 3.1　当 d_2 从 1.72 μm 变化到 1.78 μm 时 1.55 μm 波长处的 ER 和 BW

d_2/μm	ER/dB	BW/nm
1.72	−141.21	56（1524 ~ 1580 nm）
1.74	−163.49	52（1525 ~ 1577 nm）
1.75	−175.01	55（1523 ~ 1578 nm）
1.76	−174.99	58（1528 ~ 1586 nm）
1.78	−174.87	59（1524 ~ 1583 nm）

▶▶ 3.2　亚碲酸盐基六角晶格双芯微结构光纤在 1.55 μm 处的偏振分束特性

3.1 节讨论了硅基八角晶格排列的非填充型双芯微结构光纤的基本光学特性及其在偏振分束方面的优良性能，得到了短长度和高消光比的显著特征。本节继续研究双芯微结构光纤的偏振分束特性。与 3.1 节有所不同的是，考虑到八角晶格排列难于实现，从而为后续拉制工艺中预制棒的制备增添难度，本节选择对经典的六角晶格排列的光纤结构进行设计研究。此外，随着大多数石英基微结构光纤不断被报道，相应的拉制工艺逐渐成熟，软玻璃材料基的微结构光纤（如亚碲酸盐、硫系玻璃、氟化物玻璃等）因在中红外和远红外波段具有良好的透光效果及其特有的高非线性系数也开始吸引国内外研究学者的广泛关注。相对于硫系玻璃和氟化物玻璃而言，亚碲酸盐玻璃材料毒害性较弱且热稳定性更强，可以作为对硅基材料的补充，在近红外和中红外非线性方面具有十分广阔的应用前景。

3.2.1　几何结构参数

图 3.15 中给出了本节所设计的新颖的亚碲酸盐基六角晶格排列的双芯微结构光纤截面图，包层空气孔尺寸用 d 来表示，晶格常数为 Λ。该几何结构设计的灵感源自本课题组的訾剑臣等人曾报道的具有偏振滤波特性的微结构光纤[120]，他们通过在四角晶格光纤中分别引入一个和两个超大的空气孔得到了 y 方向偏振模式在 1310 nm 处的最高限制损耗，其强度可达 701 dB/cm，这对于偏振器件的研究极具启发性。本节在图 3.15 所示光纤截面的 x 轴方向引入了两个对称的紧邻纤芯的超大空气孔 d_3，并且在两个纤芯中间引入一个椭圆型空气孔 d_2 来调整纤芯之间的硅桥，以调节耦合。同时，在椭圆孔

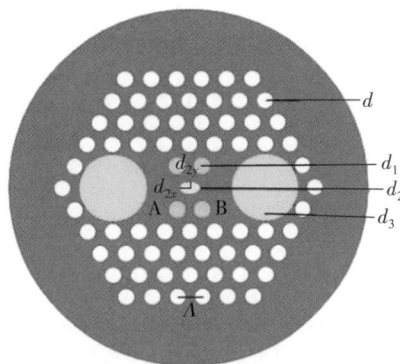

图 3.15　金线填充的亚碲酸盐基双芯微结构光纤截面图

的周围还排列了 4 个小空气孔 d_1，以形成双折射效应。特别地，中间椭圆空气孔 d_2 的长轴尺寸和短轴尺寸分别用 d_{2x} 和 d_{2y} 来表示。

微结构光纤的基本特性可通过对空气孔的填充或涂敷来进一步优化。例如，通过向空气孔中注入高折射率液体，实芯折射率引导型微结构光纤可被转变为光子带隙传导型光纤，其色散和传输频带均可在一定程度上得到调节。因此，在本节的讨论中，我们继续在图 3.15 中两个纤芯之间的椭圆孔 d_2 中选择性地填充一根椭圆形金属线，以激发表面等离子体共振效应并探究其产生的条件及对光纤输出特性带来的影响，同时与 3.1 节中的非填充型微结构光纤进行对比。

当前，很多填充型或涂敷型微结构光纤器件逐渐被报道出来，且其中大部分都要求对特定空气孔进行选择性填充或镀膜，这些设计在传感和偏振控制方面具有极大的应用价值。尽管选择性填充一直以来被认为是实验中比较难于实现的技术，但目前已经有许多科研团队致力于这方面的研究并取得了突破性的进展。有些团队利用表面张力的差异性或空气孔的不同尺寸所引起的毛细作用

实现选择性填充；有些团队利用微量移液管或光刻技术直接在显微镜下对微米量级的空气孔进行选择性填充；有些团队通过飞秒激光技术的辅助实现部分空气孔的塌缩和挤压，从而实现选择性填充，这些方法都有望从根本上解决对微结构光纤进行选择性填充的技术瓶颈。

值得注意的是，随着填充和镀膜技术的不断革新和提升，金属中的表面等离子体和微结构光纤中的光子的有机结合激起了国内外科研工作者研究兴趣。到目前为止，为了充分利用金属产生的表面等离子体共振效应，许多研究学者已经成功制备出一些金属集成型的光纤成品，主要包括金属丝填充型和金属膜涂敷型。1993 年，Jorgenson 等人报道了一种在多模光纤的纤芯表面镀金属薄膜的技术[121]。这一技术通过把光纤的一部分包层去除掉而形成裸露的纤芯来实现对纤芯区域涂敷金属膜。尽管金属镀膜工艺种类繁多，但只有极少一部分适用于对微米量级尺寸空气孔的涂敷，最典型的方法主要有两种：一种是通过虹吸或蒸发的方式向光纤中注入金属纳米粒子混合物；另一种则是利用还原反应进行化学沉积。2007 年，Zhang 等人利用化学沉积法实现了在微结构光纤的空气孔中选择性地涂敷银膜[122]，同时基于该光纤设计了一种偏振器件。2010 年，Tyagi 等人通过将金线放入一根玻璃毛细管中后直接熔融拉锥至其尺寸为 260 nm，实现了在折射率引导型微结构光纤的纤芯一侧填充金线的工艺，同时观察到了金属的 SPP 模式与纤芯模式间产生的表面等离子体共振效应[123]。

光学系统中用于激发表面等离子体共振效应的常见金属有金、银、铜和铝等，相比于其他金属，金的化学性质最不活泼，性能最稳定，不易被氧化，生物兼容性好，而且其表面不易发生反射和散射效应，所以本书选择金作为激发 SPR 效应的金属基质。金的材料色散一般由 Drude-Lorentz 模型来确定[124]：

$$\varepsilon_m = \varepsilon_\infty - \frac{\omega_D^2}{\omega(\omega - j\gamma_D)} - \frac{\Delta\varepsilon \cdot \Omega_L^2}{(\omega^2 - \Omega_L^2) - j\Gamma_L\omega} \tag{3.8}$$

式中，　ε_m——金属的介电常数；

　ε_∞——高频下的介电常数，值为 5.9673；

　$\Delta\varepsilon$——权重因子，值为 1.09；

ω——传输光的角频率；

ω_D，γ_D——等离子体频率和阻尼频率，具体值分别为 $\omega_D/2\pi = 2113.6$ THz，

$\gamma_D/2\pi = 15.92$ THz；

Ω_L，Γ_L——洛伦兹谱震荡的频率和谱宽，且 $\Omega_L/2\pi = 650.07$ THz；

$\Gamma_L/2\pi = 104.86$ THz。

亚碲酸盐玻璃材料由 TeO$_2$ 和 ZnO 分别按比例 75 mol% 和 25 mol% 组成，亚碲酸盐基光纤可以利用现有的挤压法制备。其材料色散由 Sellmeier 方程表示[125]：

$$n^2(\lambda) = A + \frac{B\lambda^2}{\lambda^2 - C} + \frac{D\lambda^2}{\lambda^2 - E} \tag{3.9}$$

式中，A，B，C，D，E 各个参数取值分别为 2.4843245，1.6174321，5.3715551×10^{-2}，2.4765135，225。

3.2.2　基本光学特性分析

3.2.2.1　有效折射率

首先研究了双芯微结构光纤 4 个超模的模式有效折射率随波长的变化关系，如图 3.16 所示。各几何参数的初始值分别设定为 $\Lambda = 2.4$ μm，$d = 1.6$ μm，$d_1 = 1.67$ μm，$d_{2x} = 2$ μm，$d_{2y} = 1.24$ μm，$d_3 = 6.4$ μm。根据式（1.3），有效折射率曲线在一定程度上能反映波导色散。从曲线的变化规律可知，光纤的基底材料为亚碲酸盐，所以其有效折射率的数值范围在 2.0 左右，比石英的有效折射率要高。但模式有效折射率依然是随着波长的增加呈线性减小趋势，这与 3.1 节中的结果是一致的。然而，由于金线的填充，曲线在某一波长点附近发生急剧的变化，产生这一现象的原因会在后续对损耗特性曲线的分析中进行讲解。

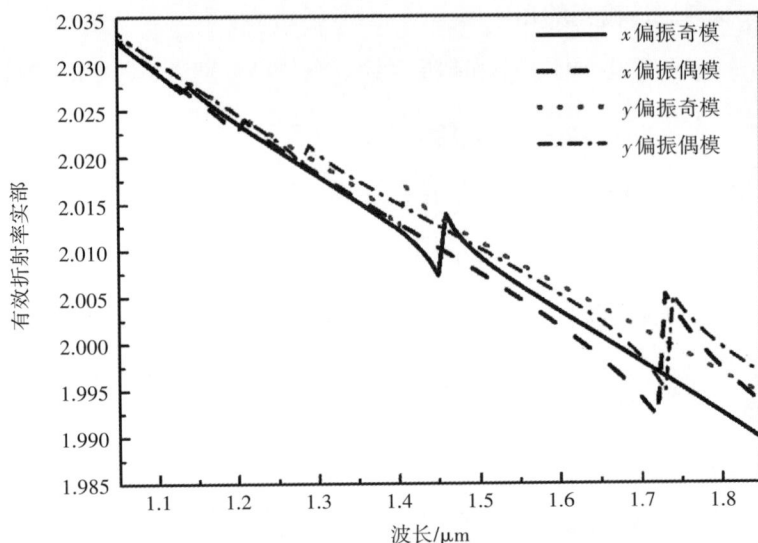

图 3.16　亚碲酸盐基双芯微结构光纤的 4 超模的有效折射率随波长的变化关系曲线

3.2.2.2　双折射特性

图 3.17 给出了光纤的双折射度随波长变化的依赖关系，这里仍然以偶模为例。通过观察得出，由于金线的填充，双折射曲线在某一波长处出现峰值现

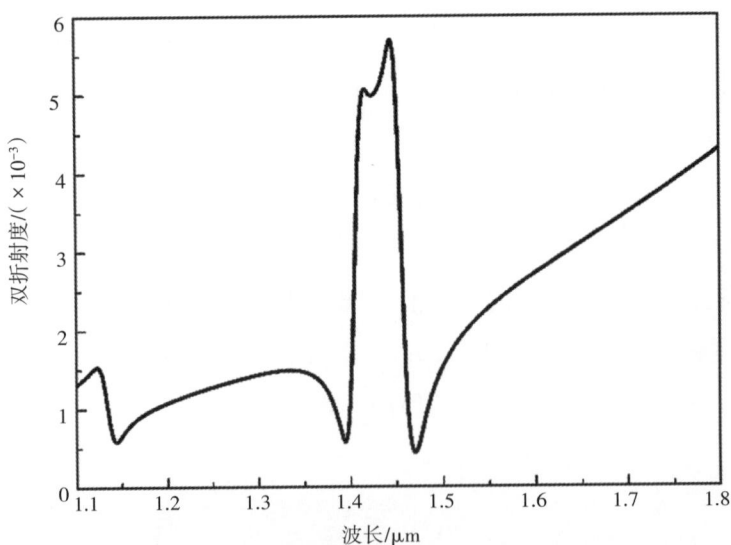

图 3.17　金线填充的亚碲酸盐基双芯微结构光纤的双折射特性曲线

象，通过与图 3.16 进行对比发现，突变的位置恰好对应有效折射率差值最大处。而且，该光纤在 1.45 μm 波长附近的双折射度最高可接近 6×10^{-3}，与 3.1 节中设计的非填充型八角晶格结构相比较，双折射度在同一波长处提高了近 3 倍。这个量级对于光学器件传输性能的提升是十分显著的。利用双折射特性曲线受金线填充的影响出现峰值的现象，并结合微结构光纤的几何尺寸与光学特性间的依赖关系，在模拟仿真环节可通过适当调整结构参数实现在所需波长范围内的高双折射特性。

3.2.2.3　限制损耗特性

前面提到过，光纤的限制损耗特性是模拟仿真过程中不可忽略的重要指标，其值可由式（3.3）获得，仿真结果如图 3.18（a）所示。图中 4 条曲线分别对应该光纤的 4 种超模的限制损耗随波长的变化关系。每一种模式的损耗曲线都有两个尖峰，且分别位于不同的波长。损耗峰值的出现主要是由金线的填充而引起的。当从纤芯区域泄漏的倏逝波作用在金属-介质界面时，会激发金属表面的自由电子振荡而形成 SPW，当 SPW 与纤芯中的光波发生相位匹配时，就会发生表面等离子体共振效应，光能量会从纤芯区域大量地泄漏到金属区域，导致光纤的限制损耗明显地增加，宏观上表现为输出透射光谱的凹陷或损耗光谱的凸起。而且，损耗峰值的位置正好与有效折射率曲线突变的位置相对应，这也解释了损耗曲线发生突变的原因，也进一步证明了表面等离子体共振效应的产生。事实上，每一个共振峰都代表不同的等离子体模式与纤芯模式之间满足了相位匹配条件，图 3.18（b）给出了其中一种共振态对应的电场矢量图，即 y 偏振奇模与四阶 SPP 模式发生的表面等离子体共振效应时，图中可以明显地看到这两种模式场之间的耦合重叠。而且，从损耗特性曲线产生较高的峰值突变这一现象能得到，表面等离子体共振效应可以作为有利的辅助工具来设计性能良好的光学器件，如用作偏振滤波或光学传感方面的研究。

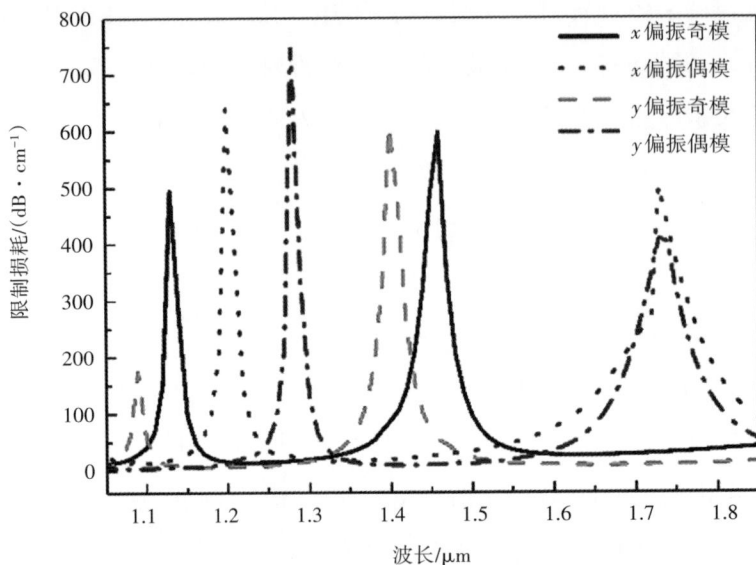

（a）限制损耗

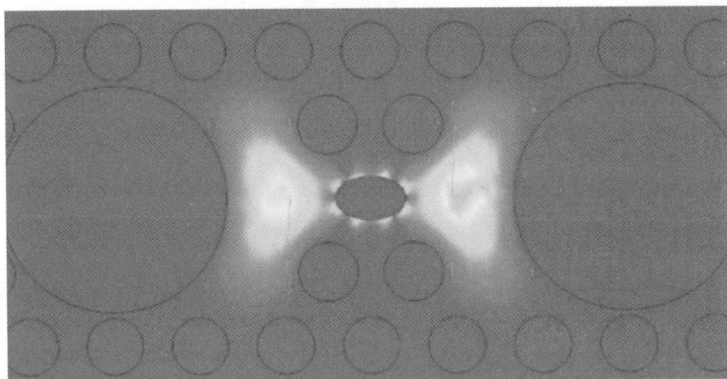

（b）矢量电场图

图 3.18　双芯微结构光纤的限制损耗随波长的变化关系和矢量电场图

3.2.2.4　有效模场面积

仿真模拟的基本意义和根本目的是为实验提供扎实的理论依据，在整个设计分析环节，还要始终考虑仿真结果与实验验证间的契合度。基于所设计的亚碲酸盐基双芯微结构光纤的偏振分束特性测量实验原理图如图 3.19 所示。宽带光源（broadband source，BBS）产生连续光谱作为输入端，被检测光谱信号在输出端通过光谱分析仪（optical spectrum analyzer，OSA）接收并分析。在输入与输出端口之间，双芯微结构光纤的两端通过与单模光纤（single mode fiber，SMF）熔接耦合，分别实现信号的接收和传送。当涉及两根不同光纤间的熔接和耦合问题时，为了获得最大的耦合和接受效率，光纤的数值孔径、纤芯直径及有效模场面积等物理参数都是需要被考量的物理参量。

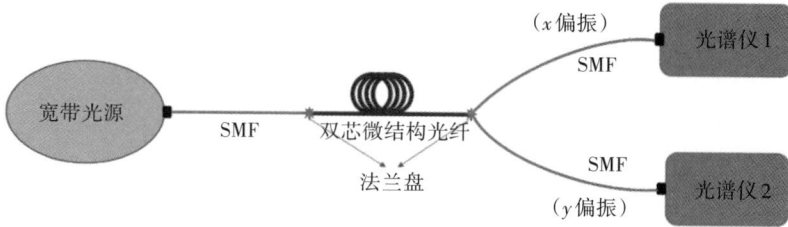

图 3.19 基于金线填充的双芯微结构光纤的偏振分束特性测量实验原理图

数值孔径可由纤芯和包层间有效折射率的平方差来确定，纤芯直径可通过模型建构来优化，有效模场面积可由式（1.5）得到，图 3.20 中给出了光纤的 4 种超模的有效模场面积随波长的变化曲线。从整体上看，有效模场面积随着波长的增加呈增长趋势，在 1.55 μm 通信波长处的 x 奇模、x 偶模、y 奇模、y 偶模的有效模场面积分别为 20.05，21.53，19.42，19.82 μm^2。所以，为了提高耦合效率并减少熔接误差，在微结构光纤的输入和输出端都要按这个标准来选择与其模场面积相互匹配的单模或多模光纤。此外，在表面等离子体共振效应发生的波长位置，有效模场面积突然降低并形成了波谷，这一现象可由纤芯内场分布的变化来解释。当发生表面等离子体共振效应时，纤芯中的大部分光会向金属区域泄漏，即两个纤芯中的光都会向中间的金属线区域靠拢，所以会导致有效模场面积的减小。同时，因为光纤的非线性系数是和有效模场面积成反比的，有效模场面积越小，非线性系数越高，所以在发生表面等离子体共振效应的共振波长处，本节所设计的金线填充的双芯微结构光纤在高非线性光源的研究方面具有潜在的价值。在超连续谱或飞秒激光脉冲的产生等基础研究领域，可以通过适当地调节光纤的几何结构参数使表面等离子体共振共振点移动到所需要的波长，以实现灵活可控的高非线性效应。

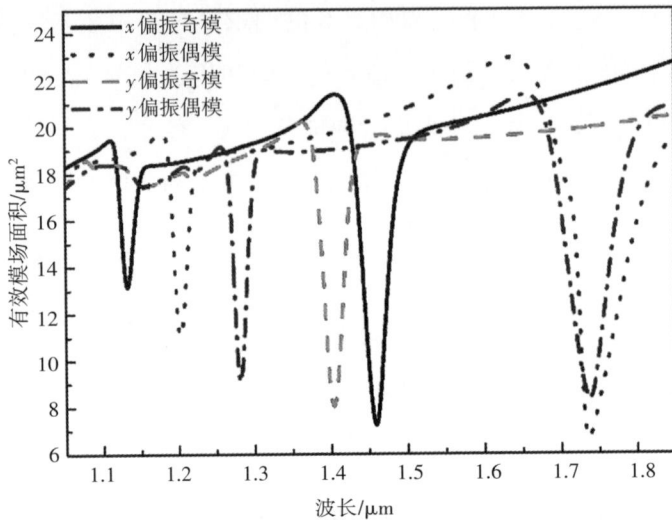

图 3.20　4 种超模的有效模场面积随波长的变化曲线

3.2.3　偏振分束特性分析

在讨论了该光纤具有的一些基本光学特性以后，继续分析它的偏振分束特性。由式（3.3）可计算得到 x 偏振和 y 偏振模态的耦合长度，图 3.21 中分别给出了相应的耦合长度和耦合长度比随传输波长的变化曲线。对比前面设计的基于非填充型八角晶格微结构光纤偏振分束器，在两个纤芯之间引入金线会引起纤芯超模间的强耦合，改变光纤的耦合特性，从而导致耦合长度和耦合长度比出现峰值的现象，这为依据模式耦合理论灵活地调节耦合长度比的值提供了有利条件。通过结构优化，当 $\Lambda = 2.4\ \mu m$，$d = 1.6\ \mu m$，$d_1 = 1.67\ \mu m$，$d_{2x} = 2\ \mu m$，$d_{2y} = 1.24\ \mu m$ 和 $d_3 = 6.4\ \mu m$ 时，可实现在 1.44 μm 和 1.55 μm 波长处，x 偏振和 y 偏振超模的耦合长度分别为 $L_x = 0.342\ mm$，$L_y = 0.684\ mm$ 和 $L_x = 0.539\ mm$，$L_y = 1.078\ mm$［图 3.21(a)］，此时，它们的取值恰好满足 $CLR = L_y/L_x = m/n = 2$［图 3.21(b)］，故可推断此光纤在 1.44 μm 和 1.55 μm 波长处具有偏振分束能力，可以依据该双芯微结构光纤来制备在 1.55 μm 通信波长处工作的偏振分束器。

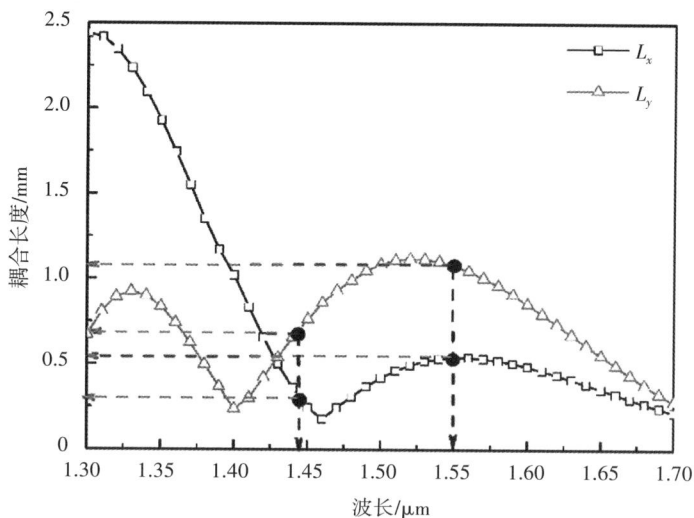

（a）耦合长度

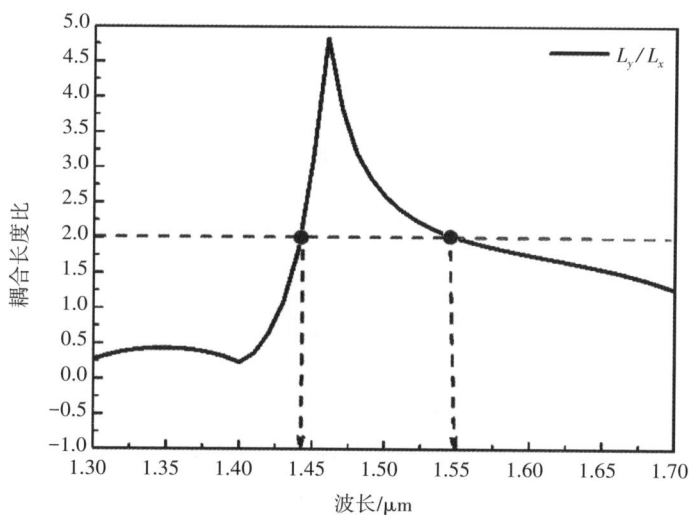

（b）耦合长度比

图 3.21　双芯微结构光纤 x 偏振和 y 偏振超模的耦合长度和耦合长度比随波长的变化曲线

　　假设光以一定的初始功率从双芯光纤的其中一个纤芯进入，那么，x 和 y 两个偏振方向在该纤芯输出端的归一化输出功率随传输距离的变化可分别由式（3.4）和式（3.5）计算得到，对应的结果如图 3.22 所示。由图可见，当一束包含 1.55 μm 波长的光在纤芯中传输了 1.079 mm 后，x 方向偏振模态仍然从入射纤芯中输出，而 y 偏振模态从另一纤芯中输出。换句话说，这两个偏振态经过在光纤中传输了 1.079 mm 的距离之后，可以分别从两个纤芯通道中分离出来，即只需要 1.079 mm 长度的光纤就可以实现光的两个相互垂直偏振模态的分离。

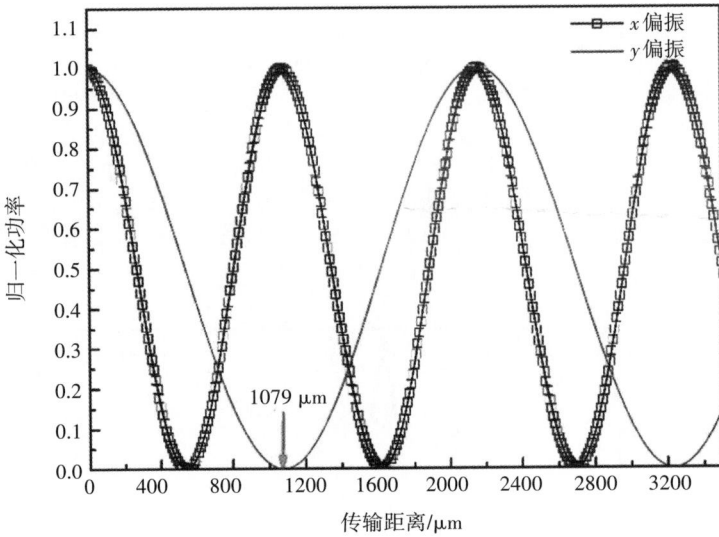

图 3.22　双芯微结构光纤在 1.55 μm 波长处 x 偏振和 y 偏振方向的归一化功率随传输距离的变化曲线

本部分进一步分析了该光纤的 ER 随波长的变化曲线，结果如图 3.23 所示，插图(i)是在 1.55 μm 附近的放大图。研究结果表明，这种新型微结构光纤在 1.55 μm 处拥有 174.92 dB 的高消光比，且 ER 大于 20 dB 的 BW 约为 70 nm。

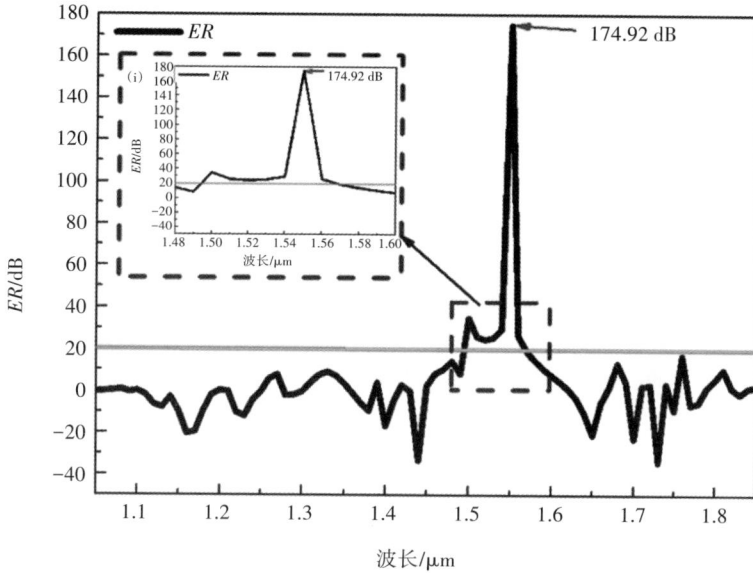

插图(i) 是图中虚线框在 1.55 μm 处的放大图

图 3.23　基于金线填充双芯微结构光纤偏振分束器的 *ER* 随波长变化曲线

本章设计的两种偏振分束器的性能指标与其他研究小组的对比结果如表 3.2 所示。从表中可明显看出，我们设计的两种偏振分束器具有高消光比的优势，这充分体现了其对光的两个相互垂直的偏振态具有较强的分离能力，能够保证信号间以较低的干扰传输。虽然 *ER* 大于 20 dB 对应的 *BW* 仅为 70 nm 且实现偏振分离所需要的 1.079 mm 的光纤长度没有达到最短，但在短传输长度和高消光比的性能兼容方面有明显的优势，可以在一定程度上对集成光学系统中窄带偏振分束器件的早期开发作出一定的贡献。

表 3.2　本节所设计的偏振分束器与当前研究结果的对比

晶格结构、填充类型、基底材料	长度/mm	1.55 μm 处 *ER*/dB	*BW*/nm
四角、非填充、石英[126]	1.6950	−151.0000	29
六角、非填充、石英[127]	0.3000	−23.0000	30
六角、非填充、碲化锌[128]	8.7983	−164.2681	20

表3.2（续）

晶格结构、填充类型、基底材料	长度/mm	1.55 μm 处 ER/dB	BW/nm
六角、非填充、石英[129]	0.4010	110.1000	140
六角、填金线、石英[47]	0.2546	111.0000	560
六角、填液晶、石英[48]	0.1750	−80.7000	190
六角、填磁流体、石英[49]	8.1300	−150.0000	—
六角、填充钛和酒精、石英[130]	0.0839	−44.0500	12
八角、非填充、石英（3.1节）	0.8518	−175.0100	55
六角、填充金线、碲化锌（3.2节）	1.0790	174.9200	70

▶ 3.3　本章小结

本章设计了两种结构不同的双芯微结构光纤。一种是包层空气孔呈八角晶格排列的非填充型硅基双芯微结构光纤，利用有限元法数值仿真了它的基本光学特性，包括双折射、色散和限制损耗特性。同时研究了几何参数的变化对性能的影响，以期通过不断优化使光纤达到最佳性能。当光在光纤中传输的距离为 0.8518 mm 时，光的 x 偏振和 y 偏振模态能够被分离开来，在 1.55 μm 处的 ER 可以达到−175.0100 dB，且 ER 低于−20 dB 的 BW 为 55 nm，可以实现在 1.55 μm 处的短长度和高消光比的偏振分束特性。另一种是亚碲酸盐基金线填充的六角晶格排列双芯光纤，该结构能在 1.0790 mm 的长度实现两个垂直偏振模态的分离，且在 1.55 μm 处的 ER 为 174.9200 dB。与非填充型硅基八角晶格结构相比，虽然该金线填充型亚碲酸盐基光纤在传输长度、消光比和带宽方面都没有明显的优势，两者之间的分束性能相差不大，但是均具有高消光比的优良偏振分束特性。而且，金线的引入增加了微结构光纤耦合长度比的可调谐性。同时，亚碲酸盐玻璃在近红外和中红外波段的透光性能更强，传输损耗更低，有效折射率更高，在红外遥感检测领域的潜在价值更高。不仅如此，金线的填充还使有效折射率曲线、有效模场面积曲线以及损耗特性曲线存在明显的突变和峰值现象，这些突变区域都对应表面等离子体共振效应发生的波长位置。有效模场面积曲线波谷的突然出现，为表面等离子体共振效应在高非线性光学方面的应用带来了新契机；损耗特性曲线峰值的出现，为表面等离子体共振效应在可调型偏振滤波和传感方面的研究提供了有利的依据，为本书的深入研究奠定了基础。

第4章 基于表面等离子体共振效应的金填充型单芯微结构光纤偏振滤波器研究

偏振滤波器是光学传感和现代信息通信技术中的重要元件。滤波就是对信息传递过程中的无用信号进行有针对性的过滤和去除，只留下有用的部分，并最大限度地减少信号间的干扰，保证信息不失真，其在光信号处理环节起到了至关重要的作用。在过去的几十年中，人们根据光的反射、干涉和衍射原理制备了许多光学滤波器，其中大部分已投入使用。光学滤波器的种类有很多，按工作频率范围可分为高通滤波器、低通滤波器、带通滤波器和带阻滤波器；按工作频带宽窄可分为宽带滤波器和窄带滤波器。然而，传统的大尺寸偏振器已经无法适用于高速发展的智能光通信领域，目前亟待寻求一种小尺寸、紧凑型的兼具良好滤波性能的新型偏振器件。

微结构光纤的出现使得光学滤波器开始向集成化、低损耗、通用化和功能多样化发展，并越来越适应高速大容量通信网格的需求。尤其在可调谐波分复用和光相干系统中，微结构光纤偏振滤波器与偏振分束器一起扮演着无法取代的重要角色。金属薄膜或金线填充型微结构光纤中的传导波和SPW满足相位匹配时所产生的表面等离子体共振效应更为短传输长度和频带可调的偏振滤波器带来了新的契机，激发了国内外研究小组极大的探索热情，使得具有不同包层结构排列的微结构光纤偏振滤波器不断被报道。埃及曼苏拉大学的Heikal等人设计了一种新颖的基于金线填充的螺旋线型微结构光纤的可调型偏振滤波器，得到x和y两个偏振方向模式的限制损耗在0.98 μm 处分别为94.1 dB/mm和6.424 dB/mm，并总结出偏振滤波的频带范围是由纤芯模式与等离子体模式间的耦合状态决定的[131]。

为了能够灵活地满足光信息系统和通信领域的不同需求，本章针对不同方面的性能要求设计了三种基于表面等离子体共振效应的单芯微结构光纤偏振滤波器。通过分别向包层空气孔中填充单金线和双金线，研究了纤芯基模和表面等离子体模式间的模式耦合特性，得到了同时在低损耗通信波长 1.31 μm 和 1.55 μm 处工作的窄带单偏振滤波器。为了进一步增加传输带宽且扩展通信波长，设计了金膜涂覆的单芯微结构光纤，利用表面等离子体共振效应并结合几何参数的可调性，计算了两个不同方向偏振模态在不同波长处的损耗特性曲线，得到了覆盖 O + E + S + C + L + U 波段的超宽带单偏振滤波器。此外，出于对不同光学器件间的性能兼容性的考量，我们选择继续在金膜涂覆微结构光纤的空气孔中填充了温敏材料——丙三醇，利用几何结构参数和外界温度对表面等离子体共振效应的宏观可调控性，得到了一种新颖的、分别受双峰控制的偏振滤波和温度传感的集成元件。

▶ 4.1　1.31 μm 和 1.55 μm 通信波长处的窄带滤波器

通过恰当合理地设计光纤结构，使得基模中一个偏振方向模态的限制损耗非常高；同时尽量降低与之正交的偏振态的限制损耗，使其高功率无失真地保存下来，这便是基于微结构光纤制备单偏振滤波器的基本原理和思路。1.31 μm 和 1.55 μm 是两个较常用的低损耗波段，目前，本课题组已经在基于微结构光纤的偏振滤波器的设计方面展开了大量而系统的研究，薛建荣等人研究了向金属镀膜微结构光纤中填充折射率匹配液时的偏振特性，得到了一种窄带偏振滤波器。纤芯基模的 y 偏振方向模式在 1.31 μm 处的损耗高达 508 dB/cm，对应的高损耗 BW 仅为 20 nm，可实现在 1.31 μm 处的窄带信号滤除[54]。刘强等人通过向双金线填充的微结构光纤的中间空气孔中填充具有不同折射率的液体，分别实现了在 1.31 μm 和 1.55 μm 波长处的窄带偏振滤波器，且在 1.31 μm 处输出光谱的半最大全宽仅为 16 nm。当向空气孔中填充折射率 n_a 为 1.44 的液体时，在 1.31 μm 处 x 偏振方向的限制损耗高达 443.36 dB/cm，而 y 偏振方向的损耗仅为 2.24 dB/cm；当向空气孔中填充折射率 n_a 为 1.3692 的液体时，在 1.55 μm 处 x 偏振方向的限制损耗高达 258.34 dB/cm，而 y 偏振方向的损耗仅为 7.86 dB/cm[132]。刘英超等人设计了一种液体填充型金膜涂敷三芯微结构光纤，通过调节几何参数以及填充液体的折射率，实现了在 1.31 μm 处滤除 x 偏振模态而在 1.55 μm 处滤除 y 偏振模态的偏振分束器件[133]。张树桓等人通过调节金膜涂敷型微结构光纤的几何结构参数，得到了 y 偏振模态在 1.25 μm 和 1.55 μm 处的损耗分别为 136.23 dB/cm 和 839.73 dB/cm，且在 1.55 μm 处 CT 大于 20 dB 的 BW 仅为 60 nm，实现了在一个通信波长处的窄带滤波[134]。这些可靠性结果加快了微结构光纤的基础研究进程，然而，这些结构各异的窄带偏振滤波器要么只能实现在其中一个通信波长（1.31 μm 或 1.55 μm）处的单偏振滤波，要么只能实现两个偏振模态分别在两个波长处的滤波，很难实现在两个通信波长 1.31 μm 和 1.55 μm 处同时对同一偏振方向的偏振模态进行滤波。因此，基于微结构光纤偏振器件在这一方面的研究仍有大量的空间值得去探索。本节的研究目标是设计一种基于金线填充型微结构光纤的、能同时实现在 1.31 μm 和 1.55 μm 两个低损耗通信波长处对同一偏振态进行滤波的窄带偏振滤波器。

4.1.1　几何结构参数

理论模拟仿真的目的是为实际的光纤制备环节提供有力的依据和可靠的思路。所以，为了增加微结构光纤的实际可行性，在光纤的模型建构环节应该以减少结构复杂度为宗旨，同时兼具优良的性能。基于这一设计理念，本节所建构的微结构光纤截面如图 4.1 所示。光纤的包层由 4 层呈六角晶格排列的空气孔组成，且空气孔按照三种不同的尺寸 d_1，d_2，d_3 依次排列。该光纤的设计灵感和制备思路是：六角晶格型硅基微结构光纤可以采用最基本的堆积法来拉制，即预制棒是将毛细玻璃管按六边形排列方式一层一层堆叠而成的。此处先用尺寸为 d_3 的空芯玻璃管按规则堆积排列成 4 层结构，气孔间距为 Λ。然后，把最靠近纤芯的一层空气孔用直径为 d_1 的小尺寸玻璃管代替。接着，再把紧邻纤芯的第二层空气孔用尺寸为 d_2 的玻璃管替换，d_2 稍小于 d_1。最后，将预制棒高温下熔融拉锥，得到相应的微结构光纤，其截面如图 4.1 所示。

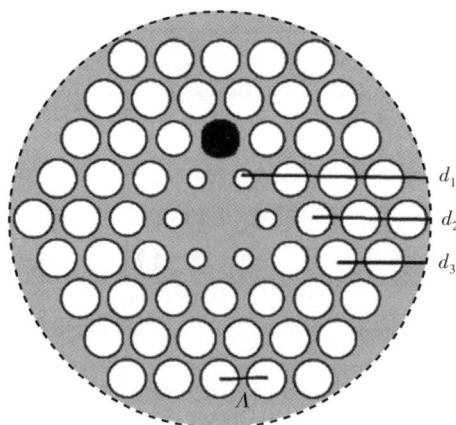

图 4.1　金线填充型微结构光纤截面图

　　本节开创性地从制备工艺流程出发来反向构建模型，这不仅提高了理论仿真与实际应用的契合度，更能最大限度地增加研究内容的可行性。为了达到偏振滤波的效果，本节仍然利用表面等离子体共振效应所产生的损耗峰值来过滤掉不必要的偏振成分。因此，选择用一根实芯金属丝来替换在第二层空气孔的 y 轴方向上的空芯玻璃棒，即在光纤中填充了金线，对应图 4.1 中的加深区域。石英为背景材料，其材料色散可以根据前面提到过的 Sellmeier 方程 ［式 (3.1)］来计算，金的介电常数可由 Drude-Lorentz 模型 ［公式 (3.8)］得到。先通过有限元法把光纤区域划分为若干个三角形单元，这些单元可以有不同的形状、大小和折射率，而且任何具有不同形状的区域都能够被有效求解，并结合 PML 和 SBC 来计算和仿真光纤的基本光学性能，PML 和 SBC 的设定能最大限度地提高精度。

4.1.2　输出结果与分析

　　首先设定初始的几何参数为 $\Lambda = 2.4~\mu m$，$d_1 = 0.5~\mu m$，$d_2 = 0.9~\mu m$，$d_3 = 1.0~\mu m$。前文提到，色度色散与有效折射率间存在紧密的关系，有效折射率的实部与波长间的依赖关系在一定意义上可以表征模式色散，同时，有效折射率的虚部与波长间的依赖关系即为损耗特性曲线。图 4.2 （a）和（b）分别给出了该几何结构纤芯基模的 x 偏振方向和 y 偏振方向以及 SPP 模式的有效折射率和损耗特性曲线。

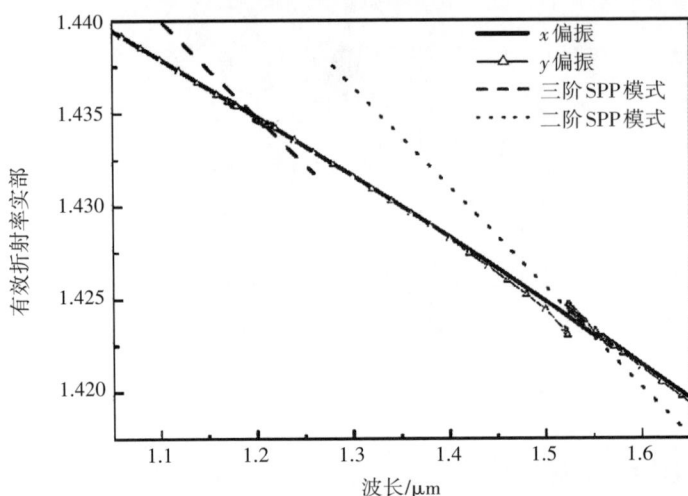

（a）有效折射率

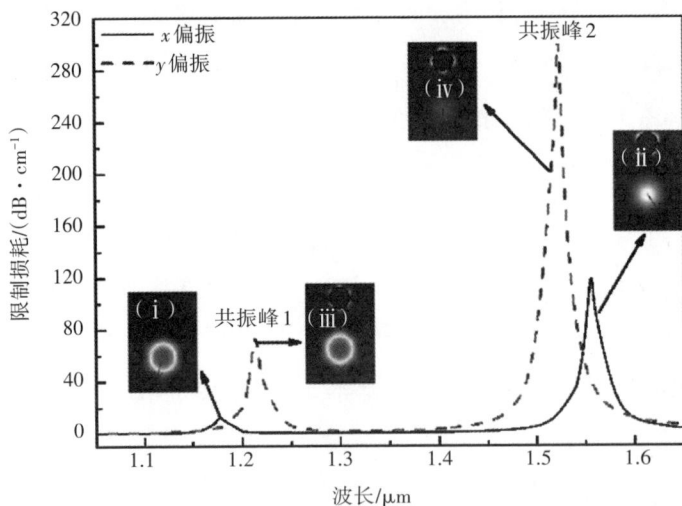

（b）限制损耗

插图（ⅰ）至（ⅳ）分别给出了每一个共振峰处对应的电场矢量分布图

图 4.2　纤芯模式和等离子体模式的有效折射率和限制损耗随波长变化的曲线图

通过对图 4.2 的研究发现，当纤芯基模的有效折射率分别与金属的二阶 SPP 模式和三阶 SPP 模式相交时，即发生相位匹配时，纤芯两个偏振模态的损耗曲线在相应的位置处出现峰值，也就是说，纤芯基模的 x 偏振模式和 y 偏振模式分别在共振峰位置和二阶 SPP 模式与三阶 SPP 模式发生了表面等离子体共振效应，且损耗峰值很窄，从图 4.2(b)中的插图（ⅰ）至（ⅳ）能明显看到不同模式间的耦合共振现象。其中，x 偏振模式的两个共振波长分别为 1.177 μm 和 1.556 μm，y 偏振模式的两个共振波长分别为 1.213 μm 和 1.523 μm。由有效折射率曲线中的相位匹配点和相应的电场矢量图可知，短波长处的共振点对应基模与三阶 SPP 模式间的表面等离子体共振效应，长波长处的共振点是源于基模与二阶 SPP 模式间的表面等离子体共振效应。此外，结果还显示，因为金线填充在 y 轴方向，所以 y 偏振模式的限制损耗明显高于 x 偏振模式，即 y 偏振模式相比于 x 偏振模式更容易与 SPP 模式发生共振耦合。当纤芯基模的两个偏振模式损耗相差很多时，以至于在特定波长处，一种偏振模式被压缩而另一种偏振模式被保留，即可实现偏振滤波的功能。因此，本节提出的光纤具有窄带偏振滤波的潜能。

4.1.3　损耗特性优化

4.1.3.1　第二层空气孔的直径 d_2 对损耗特性的影响

通过前文的研究，本节能够证实微结构光纤的几何参数对表面等离子体共振效应的共振波长具有调控性，所以本节分别考虑了几个典型的结构参数对光纤损耗特性曲线的影响。首先，讨论了光纤的限制损耗对 d_2 的响应。图 4.3(a)和(b)中分别给出了当 d_2 从 0.8 μm 增加到 1.0 μm 的过程中光纤的限制损耗和有效折射率随波长的变化曲线。

在图 4.3(a) 中可观察到两个偏振模式的共振峰都随着 d_2 的增加向长波长方向移动，产生这一现象的原因可从有效折射率的变化规律中［图 4.3(b)］找到。金线是填充在第二层空气孔 d_2 中的，所以表面等离子模式的有效折射率随着尺寸的增加而呈线性增加，此时纤芯的折射率基本保持不变，所以模式间有效折射率的交点向长波长方向移动，导致耦合共振点的红移，最终使得损耗共振峰也向长波长方向移动。同时，从损耗特性曲线中还能发现，金线是填充在 y 方向的，所以 y 方向偏振模式的共振强度深度随着 d_2 的增加逐渐增加，而 x 方向偏振态的强度呈先增加后减小的趋势。此外，当 $d_2 = 1.0$ μm 时，y 方向偏振模式的两个耦合共振点分别接近 1.31 μm 和 1.55 μm 通信波段，这一现象为初始研究目标提供了导向，有望通过进一步调节几何尺寸实现在双通信波长处的优良窄带滤波性能。

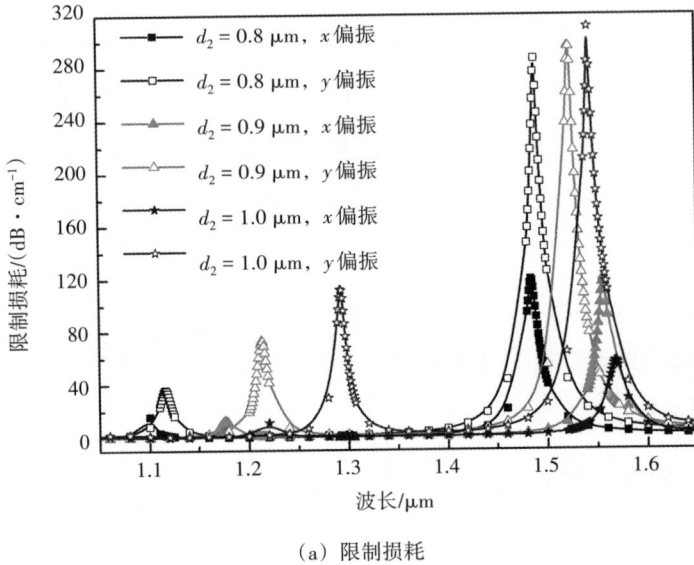

（a）限制损耗

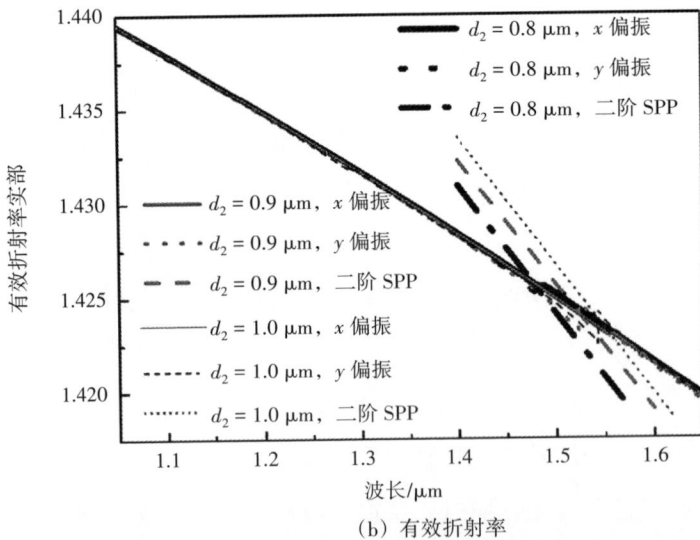

（b）有效折射率

图 4.3　当 d_2 从 0.8 μm 增加到 1.0 μm 时光纤的限制损耗和有效折射率随波长的变化曲线

4.1.3.2　内层空气孔的直径 d_1 对损耗特性的影响

由图 4.3 的结果可知，当 $d_2 = 1.0\ \mu\mathrm{m}$ 时，y 偏振方向表面等离子体共振效应的共振耦合点更接近 1.31 $\mu\mathrm{m}$ 和 1.55 $\mu\mathrm{m}$，比较符合本节的预期目标。事实上，此时 d_2 和 d_3 的尺寸大小是相等的，这使得光纤结构更简化。因此，本节继续讨论在 $d_2 = d_3 = 1.0\ \mu\mathrm{m}$ 时内层小孔尺寸 d_1 对光纤的损耗特性和有效折射率的影响，保持其他的参数不变，结果如图 4.4 所示。

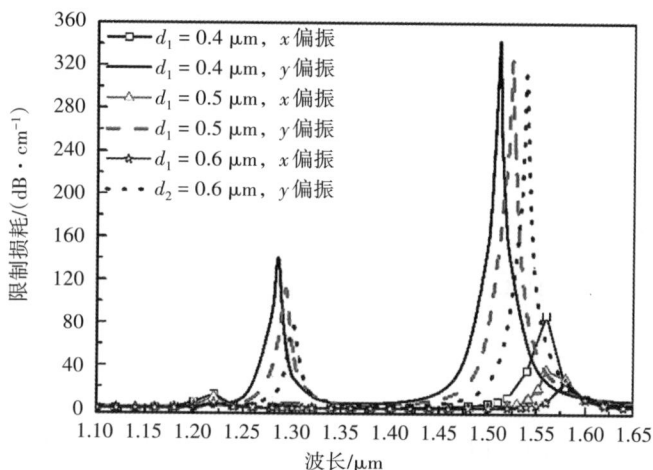

（a）限制损耗

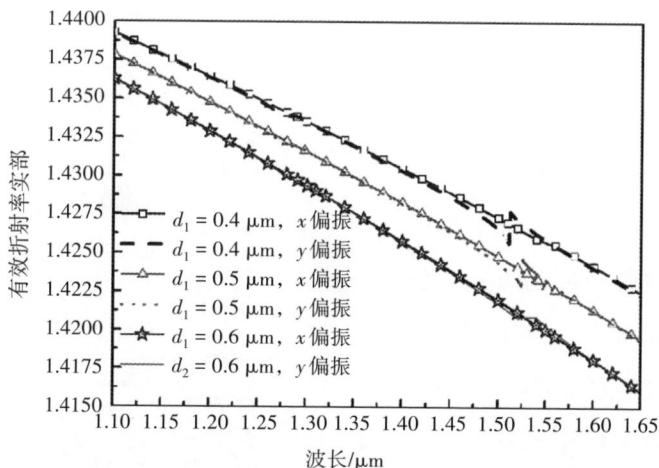

（b）有效折射率

图 4.4　当 d_1 从 0.4 μm 增加到 0.6 μm 时纤芯模式的限制损耗
和有效折射率随波长的变化曲线

两个偏振方向模态损耗曲线的 4 个共振耦合点都随着 d_1 的增加发生红移，且共振峰的强度呈逐渐减小的趋势。y 偏振方向上限制损耗曲线的第二个共振峰仍然远高于 x 偏振方向，这个共振峰是由基模与二阶 SPP 模式的表面等离子体共振效应形成的。从图 4.4(b) 有效折射率的变化规律中能够合理地解释峰值移动的原因。随着 d_1 的增加，纤芯的两个偏振方向的模式有效折射率曲线均降低，即向下移动，而此时 SPP 模式的有效折射率曲线基本没有受影响，所以导致相位匹配点向右移以及共振波长向长波长方向移动。当 $d_1 = 0.6\ \mu m$ 时，y 方向偏振模式的两个损耗共振峰恰好位于 1.31 μm 和 1.55 μm 处，这进一步证明了通过合理地、有规律地调节光纤的几何尺寸，就会离预期目标更近一步。然而，从图 4.4(a) 观察到，对于与三阶 SPP 模式耦合形成的第一个共振峰，y 偏振方向在这一波长处的峰值强度随着 d_1 的增加而降低，导致纤芯的两个偏振模式在这一处的限制损耗差值越来越小，这并不利于单偏振滤波器的设计，因此需要找到一种合适的方式尽量增加两个偏振模式的损耗差，同时不改变共振峰的位置。

因为已经在 y 方向上填充了一根金线，y 偏振模式的限制损耗高于 x 偏振模式，所以解决途径是要么增加 y 方向偏振模式的限制损耗，要么尽量减少 x 偏振方向的限制损耗。不难理解，x 偏振方向的限制损耗水平已经很低，很难再继续减小，因此行之有效的方式就是继续增加 y 偏振方向模式的限制损耗，即继续在 y 方向上引入金线，以期通过增加表面等离子体共振效应强度的方式来增加纤芯模场向金属区域的泄漏，从而增加 y 偏振方向的限制损耗。同时在 y 轴方向负半轴的对称位置处引入一根金线。引入两根金线的微结构光纤的截面示意图如图 4.5 所示，两个加深区域即为金线的填充位置。

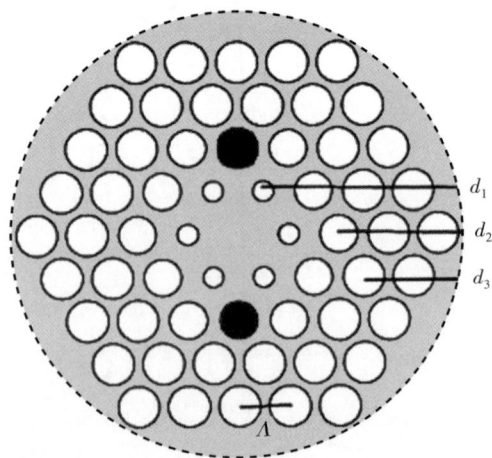

图 4.5 双金线填充型微结构光纤截面图

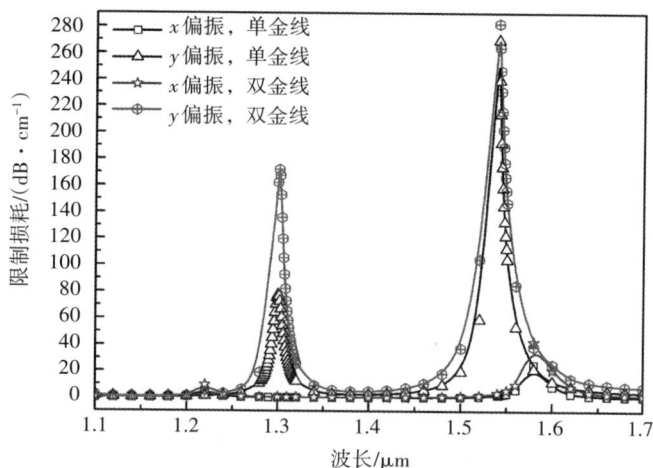

（a）有效折射率

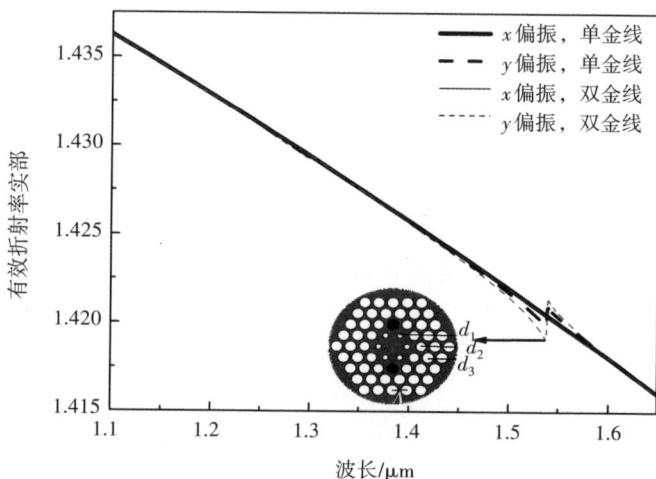

（b）限制损耗

图 4.6　单金线和双金线填充型微结构光纤的有效折射率和限制损耗比较曲线

图4.6中分别比较了填充一根金属丝和填充两根金属丝的微结构光纤在两个偏振方向上的限制损耗和有效折射率的变化曲线。对应的几何结构参数为：$\Lambda = 2.4\ \mu m$，$d_1 = 0.6\ \mu m$，$d_2 = d_3 = 1.0\ \mu m$。从图中可明显看出，双金属丝填充时 y 方向偏振模式与三阶 SPP 模式的耦合强度比单金属丝时的高了近 2 倍。而由基模与二阶 SPP 模式耦合产生的表面等离子体共振效应的共振强度除了在 x 偏振方向略有增长之外，在 y 偏振方向并没有显著的变化，从图 4.6（b）中也

可看出相位匹配点没有发生明显的变化。而且带宽依然很窄,高损耗带只覆盖了共振波长附近的小范围。综合以上的结果分析,通过合理地设计和调控微结构光纤的几何结构参数以及填充功能型材料的引入是可以在 1.31 μm 和 1.55 μm 两个通信波长处同时实现单偏振窄带滤波的。

4.1.4 窄带偏振滤波特性分析

由于最外层空气孔 d_3 距离纤芯的位置比较远,实际上对光纤的传输特性影响不大,所以 d_3 的几何尺寸在这里不继续优化,而且当前的参数取值已经对应最优化的情况了。图 4.7 是最终优化后的两个偏振方向的限制损耗特性曲线。由图可见,y 方向偏振模态(即不想要的偏振方向)的限制损耗在 1.31 μm 和 1.55 μm 两个波长处的损耗分别达到 126.10 dB/cm 和 326.30 dB/cm,此时对应的 x 方向偏振态(即想保留的偏振方向)的限制损耗分别只有 0.08 dB/cm 和 1.20 dB/cm。不想要的偏振态的限制损耗远高于想要的偏振态的限制损耗,因此该光纤体现了可同时在 1.31 μm 和 1.55 μm 处对同一偏振方向实现单偏振滤波特性的优势,这是其最突出的优点,符合我们的预期目标。

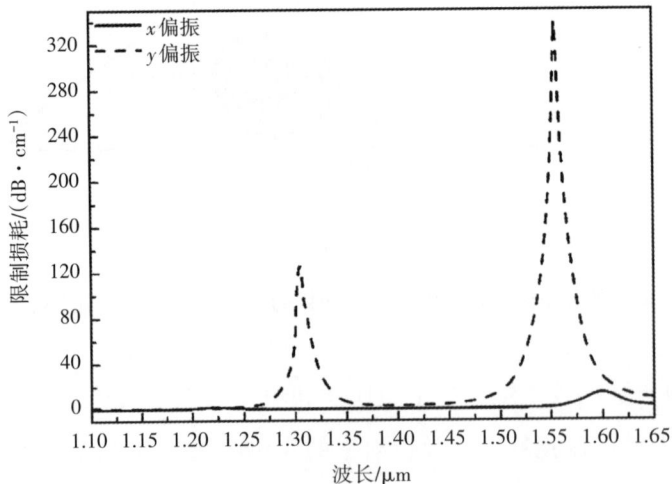

图 4.7 微结构光纤两个偏振模式的限制损耗随波长变化的最优解

CT 是在偏振滤波器的设计环节用来表征对所需要的和不需要的偏振模式的控制和限制程度的一个重要指标,与限制损耗特性曲线一起,也被用来衡量器件传输性能的好坏，CT 的表达式为[135]：

$$CT = 20 \lg \exp\left[\left(\alpha_2 - \alpha_1\right)L\right] \quad\quad (4.1)$$

式中，α_1，α_2——x 和 y 两个偏振方向的限制损耗；

　　　　L——光在光纤中传输的距离，即所需的光纤长度。

　　从式（4.1）可看出，两个垂直方向偏振模态的损耗差越大，CT 的绝对值越高，其偏振性能越好，图 4.8 所示为该光纤的 CT 曲线。在 1.31 μm 和 1.55 μm 两个通信波长处滤掉的都是 y 方向偏振态，因此 CT 的值都是同号且大于零的，图中明显地揭示了 CT 随着光纤长度的增加是线性增加的，当光纤长度为 1.1 mm 时，CT 在两个波长处可达到的最大值分别为 120.34 dB 和 310.41 dB，且对应的 CT 大于 20 dB 的 BW 分别低至 20 nm 和 60 nm，充分体现了其优良的窄带滤波功能，这种窄带特性能够在极小的范围内提高滤波的纯度。

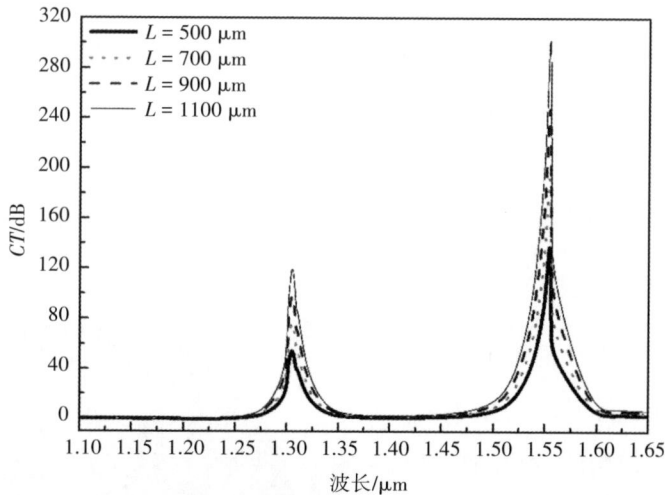

图 4.8　优化后的单偏振微结构光纤在不同光纤长度下的 CT 随波长的变化曲线

　　表 4.1 中给出了本节报道的成果与其他相似研究成果之间的对比。目前国内外许多研究小组都曾报道过基于表面等离子体共振效应微结构光纤的窄带偏振滤波特性，但本节报道的成果能够同时实现在 1.31 μm 和 1.55 μm 处的单偏振滤波，且带宽很窄，在信号提纯和信息识别方面拥有很好的前景。

表 4.1　本节报道的窄带偏振滤波器与当前研究成果的对比

填充方式	窄带通信波长/μm	偏振特性
镀金膜和液体填充[54]	1.31	单波长单偏振
金线填充和液体填充[132]	1.31 或 1.55	单波长单偏振
镀金膜[134]	1.55	单波长单偏振
双金膜[136]	1.55	单波长单偏振
镀银膜[137]	1.31	单波长单偏振
双金线填充（本节成果）	1.31　和 1.55	双波长单偏振

▶ 4.2　覆盖 O+E+S+C+L+U 波段的超宽带偏振滤波器

4.1 节研究了能同时在 1.31 μm 和 1.55 μm 双波长工作的基于金线填充型微结构光纤窄带偏振滤波器，在理论上得到了很好的仿真结果。然而，在浩瀚庞大的通信领域里，偏振器件除了要具备窄带低损耗传输信号的能力之外，有时还需通过拓宽传输波长来增加信息容量，所以，有关宽带偏振滤波器的研究应运而生，它也是研究光学通信系统领域信号处理的一个热门方向。

4.2.1　几何结构参数

本节仍然以设计简单的光纤结构为主导并以适应实际需求为根本宗旨，首先设计了简单结构的六角晶格堆积金膜涂覆型微结构光纤，其截面如图 4.9 所示。光纤的包层空气孔间距（即晶格常数）为 Λ，空气孔直径用 d 表示，为保持结构的简单化，只采用增大纤芯附近的一个空气孔的方法来实现双折射特性，该空气孔直径用 d_1 来表示。同时，

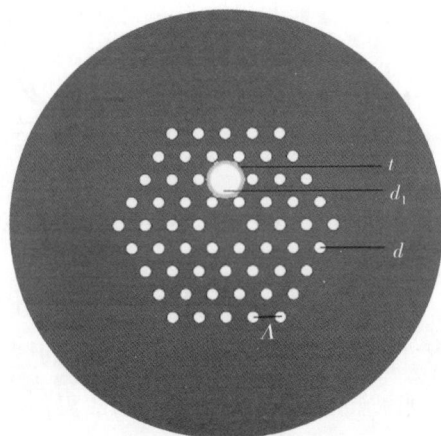

图 4.9　金膜涂覆型微结构光纤截面示意图

选择在该气孔上涂覆纳米量级的厚度为 t 的金膜，以利用表面等离子体共振效应所产生的损耗峰值来过滤掉不必要的偏振成分。金膜的涂敷可以采用磁控溅射技术或化学沉积法来实现。

4.2.2　输出结果与分析

先设定几何结构参数的初始值为 $\varLambda$=2.4 μm，d=1.2 μm，d_1=3.1 μm，t=50 nm。前文提到，色度色散与有效折射率间存在紧密的关系，因此有效折射率的实部与波长间的依赖关系在一定意义上可以表征模式色散，而且，有效折射率的虚部与波长间的依赖关系即为损耗特性曲线。通过模拟仿真得到的光纤基模的限制损耗以及有效折射率的实部相对于传输波长的特性曲线如图 4.10 所示。图中除了包含纤芯基模的 x 偏振方向和 y 偏振方向的损耗和有效折射率曲线外，还给出了三阶 SPP 模式的有效折射率随波长变化的特性曲线。

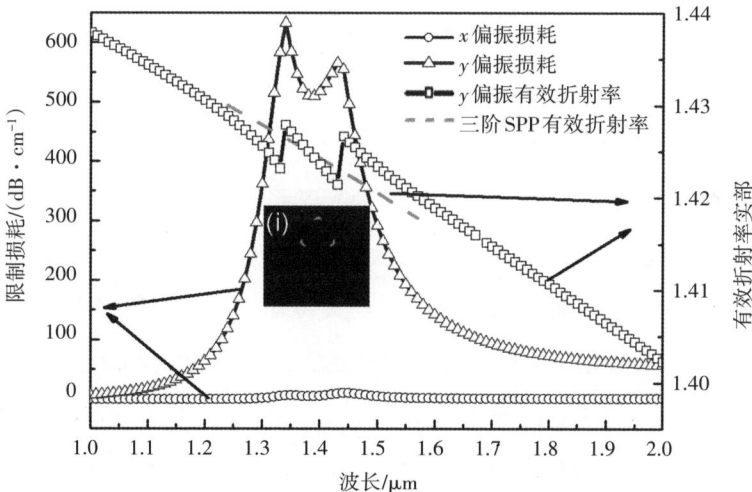

图 4.10　x 和 y 偏振模态的限制损耗和有效折射率实部随波长的变化曲线

由图 4.10 可知，色散曲线从整体来看是随着波长的增加呈负增长的，即随着波长逐渐向长波长方向移动，各个模式的有效折射率都呈减小趋势，这与第 3 章中的仿真结果完全一致；从损耗曲线可以看出，y 偏振方向的损耗远远高于 x 偏振方向，而且，y 偏振方向的损耗存在两个明显的峰值，即

y 偏振模式的损耗有两个极值点。事实上，从色散曲线中两个转折点的位置就能够得出损耗双峰存在的原因。两个峰值所在的波长位置恰好对应纤芯的 y 方向偏振模式和金属的三阶 SPP 模式的有效折射率两个交点处，这表明两种模式的传输常数和有效折射率在这两个位置是相等的，即满足模式耦合共振条件，发生了表面等离子体共振效应，本节把有效折射率的交点称为相位匹配点。插图 (i) 中给出了相位匹配点处的电场矢量分布图，很明显，在光纤横截面的纵轴位置涂敷金属薄膜能够使基模的 y 偏振方向与三阶 SPP 模式发生表面等离子体共振效应，导致纤芯中的大部分能量泄漏到金属表面，宏观表现为 y 偏振方向限制损耗的增加。此时，y 偏振方向的损耗最大值约为 600 dB/cm，而 x 偏振方向的最大损耗只有十几或几十 dB/cm。

这充分表明，在相位匹配点附近，y 偏振模态场的强度由于发生了表面等离子体共振效应而急剧地衰减，而 x 方向的偏振模态能够低损耗保留下来。同时，这种状态能够在很宽的波长范围内持续，所以也在一定程度上揭示了该简易型微结构光纤在宽带偏振滤波器设计方面的潜能。

4.2.3　损耗特性优化

光纤几何尺寸的灵活可控性是其作为光学系统基本元件的根本优势，按照一定规律调整包层空气孔的大小、形状和位置能实现对光学特性的有效调控，以适应各种光子学器件的应用需求。由前文可知，该微结构光纤 y 方向偏振模式的限制损耗存在峰值现象，且其损耗值远远高于 x 方向偏振模式。因此，从理论上探寻损耗曲线的变化规律是制备和提升偏振滤波器性能的便捷方式和核心要素。从图 4.10 中能够发现，y 方向偏振模式的高损耗峰覆盖了很宽的波段，因此，若能设计一种可以同时覆盖 1.31 μm 和 1.55 μm 两个通信波段的超宽带滤波器件，就可以实现在较长的波段范围内只保持一种信号的传输，极大限度地提高信号传输谱的连续性，适用于远距离和大范围通信系统中的信息传递。下面将讨论光纤的几何结构参数对表面等离子体共振效应、损耗峰的共振强度和光纤输出性能的影响，以期得到几何参数与性能指标之间的拟合关系式，最终实现超宽带滤波的目的。

4.2.3.1　包层空气孔的直径 d 对损耗特性的影响

首先，分析了包层空气孔直径 d 的变化对损耗特性的影响，限制损耗与波长的依赖关系曲线如图 4.11（a）所示。其他的几何参数初始值分别为 $\Lambda = 2.4\ \mu m$，$d_1 = 3.1\ \mu m$，$t = 50\ nm$。从图中能够发现，在空气孔尺寸 d 从 $1.0\ \mu m$ 增加到 $1.3\ \mu m$ 的过程中，光纤的限制损耗特性曲线随着 d 的增加整体向短波长方向移动，损耗共振峰的位置发生蓝移，而且损耗的最大值随着 d 的增加而呈线性增加，损耗曲线的宽度越来越窄。图 4.11（b）中单独给出了 $d = 1.0\ \mu m$ 时的传输损耗谱，同时在插图中分别给出了不同损耗峰值位置对应的电场矢量图。从插图中可知，产生不同损耗峰的原因是 y 方向偏振模式与三阶 SPP 模式分别在三个波长处满足相位匹配条件，即在三个共振点处发生了强烈的表面等离子体共振效应。大部分能量会从纤芯区域泄漏到金属薄膜表面，导致 y 偏振模式限制损耗显著增加，而 x 偏振模式限制损耗依然能很好地限制在纤芯中。

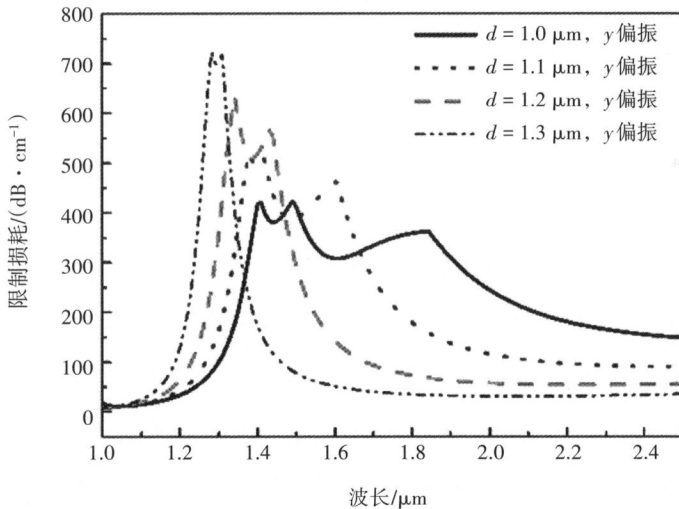

（a）d 从 $1.0\ \mu m$ 增加到 $1.3\ \mu m$

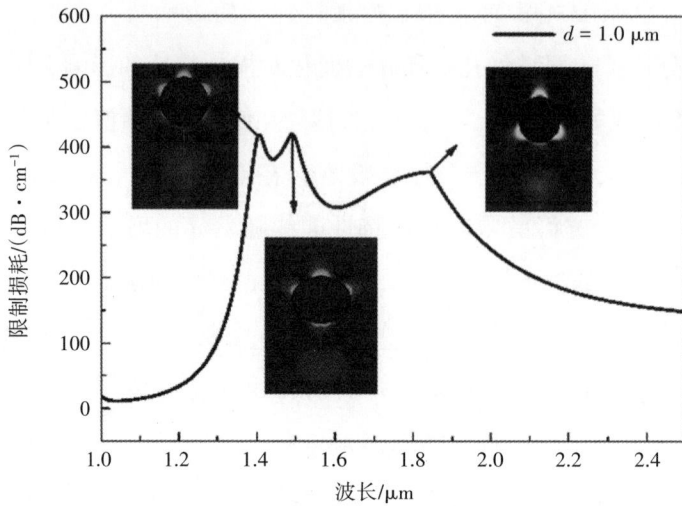

（b）d=1.0 μm

图 4.11   不同 d 时 y 偏振模式的限制损耗随波长的变化曲线

在信息通信中，可以把需要传送的信号加载到低损耗偏振模态中，以保证信息的高品质输出。由于预期设计目标是实现同时覆盖 1.31 μm 和 1.55 μm 两个通信波长的超宽带滤波，所以对比不同尺寸 d 下的损耗曲线，选择 d = 1.1 μm 为最优来继续讨论其他结构参数对损耗特性曲线的影响，以逐步向超宽带单偏振滤波的目标靠拢。

4.2.3.2　金膜厚度 t 对损耗特性的影响

从前文的讨论中能得到包层空气孔尺寸 d 取 1.1 μm 最适宜。接下来，在其他参数保持不变的情况下，讨论金膜的厚度 t 对损耗谱线的影响，输出结果如图 4.12 所示。随着金膜厚度 t 从 30 nm 增加到 70 nm，损耗共振峰逐渐向短波长方向移动，共振点的移动对应于相位匹配点的同等变化，高损耗 BW 逐渐增加。此外，损耗峰的最大值逐渐降低，这表明，纤芯 y 偏振模式和 SPP 模式之间产生的表面等离子体共振效应的强度随着金膜厚度 t 的增加逐渐降低。

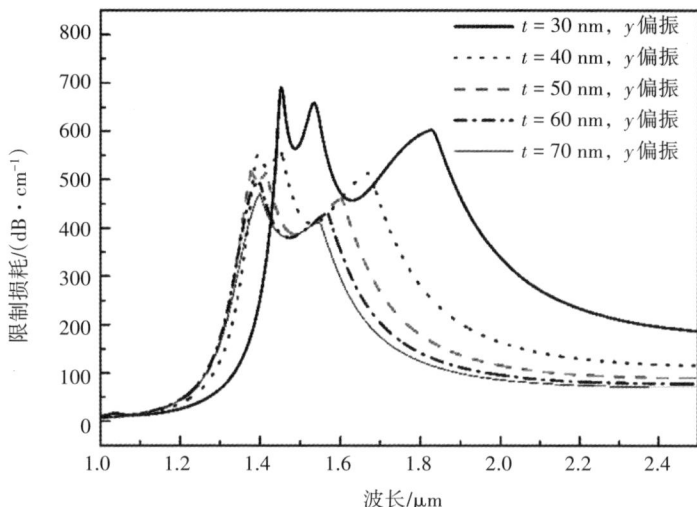

图 4.12　当 t 从 30 nm 增加到 70 nm 时 y 方向偏振模式的限制损耗随波长的变化曲线

　　产生上述现象的原因是：金属内部存在着自由移动的电子，表面等离子体共振效应的强弱从根本上取决于倏逝场激发的 SPP 的数目和 SPW 的强弱。尽管金膜厚度的增加为 SPP 数目的增加和 SPW 波幅度的提高提供了可能，但在第 2 章中本节提到过穿透深度 d_p 的概念。金膜厚度的增加使得金膜的内外表面间隔变大，若继续增加 t 以至其超过 d_p，那么，金膜厚度的持续增加不仅不能使表面等离子共振强度增强，反而会在一定程度上加快倏逝波在金属内的衰减，导致倏逝场强度的减弱，使 SPP 模式与纤芯模式间共振耦合的强度降低。这样，纤芯中的场向金属−绝缘体界面泄漏的量变少，宏观表现为损耗共振峰的降低。所以，对于本节的设计，要想获得较高的表面等离子体共振效应，应该结合趋肤深度来尽量降低金膜的厚度。然而，金膜的厚度也不是越薄越好，金膜太薄不仅达不到最好的表面等离子体共振效果，也为金属镀膜工艺增加了不小的难度。所以，在兼具覆盖 1310 nm 和 1550 nm 通信波长的单偏振宽带滤波和强耦合共振的条件下，本节选择 t=50 nm 作为最优的厚度，并依据此参数进行下一步的优化提升。

4.2.3.3　大空气孔直径 d_1 对损耗特性的影响

　　在分别优化了 d 和 t 对损耗特性曲线的影响后，图 4.13 中继续讨论了在

$\Lambda = 2.4\ \mu m$，$d = 1.1\ \mu m$，$t = 50\ nm$ 参数条件下，大空气孔直径 d_1 对损耗特性曲线及偏振滤波性能的影响。随着 d_1 从 2.9 μm 增加到 3.2 μm，损耗曲线向短波长方向移动且 BW 逐渐减小，损耗曲线的移动规律是由模式间的有效折射率交点——相位匹配点的蓝移决定的。同时，损耗共振强度以一定幅度呈线性增加趋势，原因是：尽管金膜的厚度保持不变，但 d_1 的增加使得纤芯和金层的距离更近，这样会使纤芯中的能量更容易与金属相互接触，因而渗透入金属表面的倏逝场会增加，从而增加 SPW 的强度，表面等离子体共振效应增强，损耗峰值变高。而且，d_1 的增大使得纤芯受到挤压形变，导致其有效面积变小，这也在一定程度上增加了场的泄漏，增加了损耗。此时能得到，除了 $d_1 = 3.2\ \mu m$ 时的情况，其他谱线均可实现 x 偏振方向从 1.31 μm 到 1.55 μm 范围的单偏振低损耗传输。事实上，仅凭对损耗特性变化规律的研究是不足以评判光学偏振器件的性能优劣的，也就是说，损耗曲线并不是唯一的决定因素，还需要将它与 CT 等参量联合起来一起作为标准原则来评估偏振滤波器。

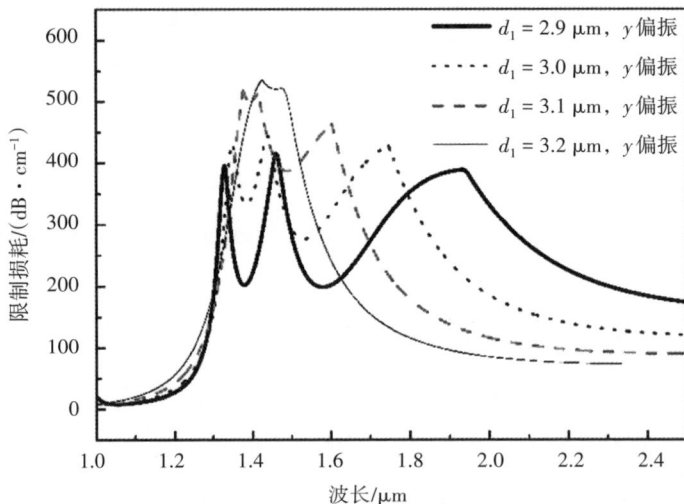

图 4.13 当 d_1 从 2.9 μm 增加到 3.2 μm 时 y 偏振方向的限制损耗随波长的变化曲线

4.2.4 宽带偏振滤波特性分析

CT 与波长的依赖关系在衡量偏振滤波性能时是很好的参考。本部分首先讨论了光纤长度为 500 μm 的情况下，三个几何参数 d，d_l 和 t 变化下的 CT 随波长的依赖关系，如图 4.14（a）至（c）所示。研究结果表明，CT 曲线中出现了两个波谷，说明在相应位置处 CT 突然减小。CT 的值实际上取决于 x 和 y 两个偏振方向的相对损耗差值，它的突然减小也能从式（4.1）中得到解释。

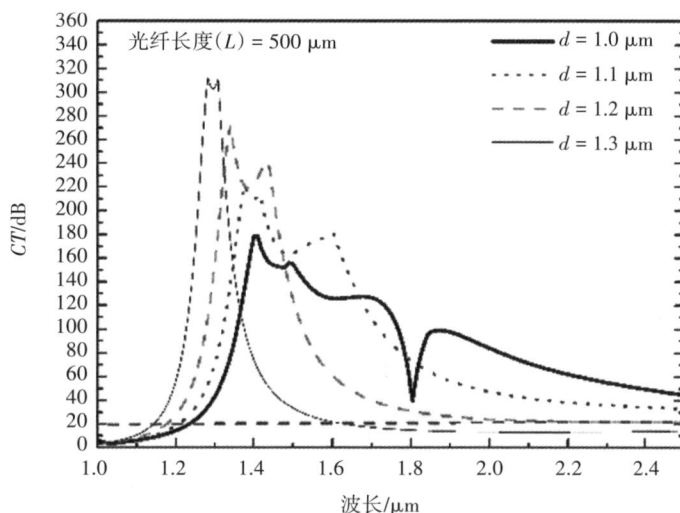

（a）不同 d

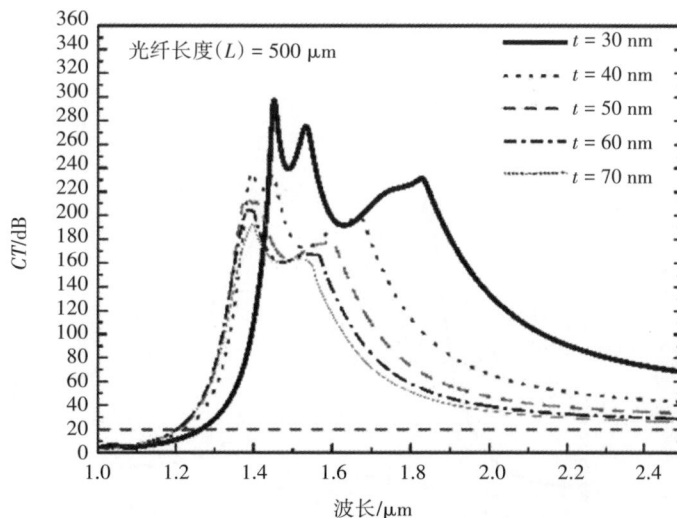

（b）不同 t

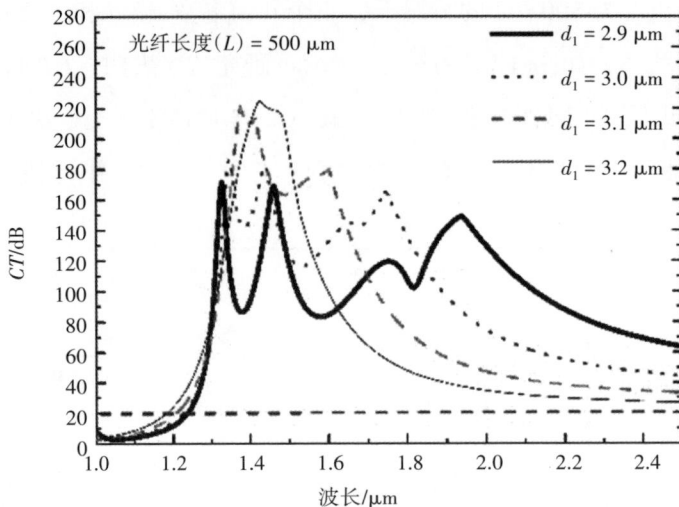

（c）不同 d_l

图 4.14　CT 随波长的变化曲线

　　为了更好地理解曲线中波谷的存在，图 4.15 中分别给出了 d 从 1.0 μm 增加到 1.3 μm 时，x 和 y 两个偏振方向的限制损耗曲线的对比。经过对比研究后发现，当 d=1.0 μm 时，不仅 y 方向的偏振模式与 SPP 模式发生了明显的表面等离子体共振效应，x 方向偏振模式也在其他波长处发生了较强表面等离子体共

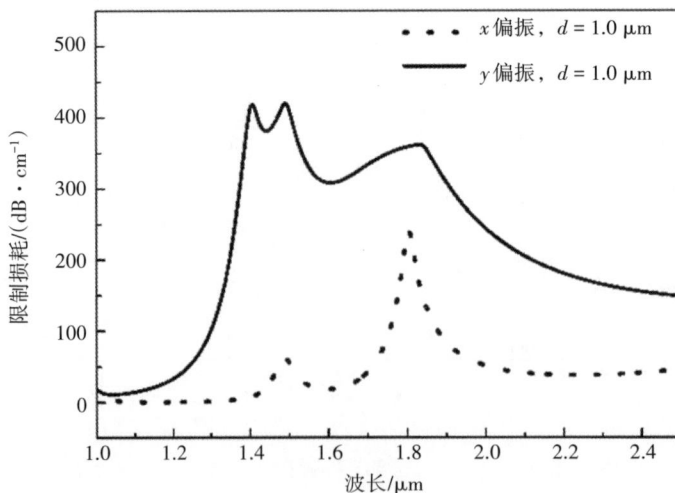

（a）d=1.0 μm

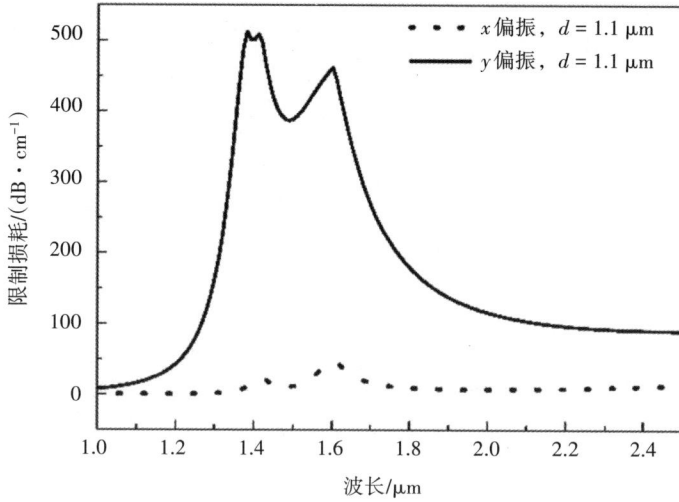

（b）d=1.1 μm

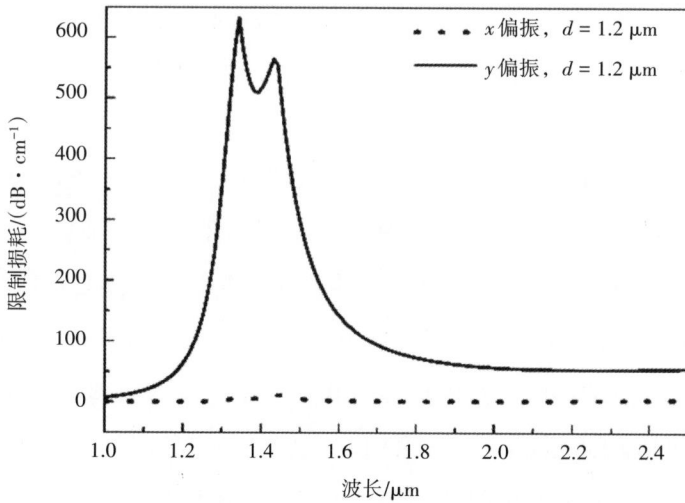

（c）d=1.2 μm

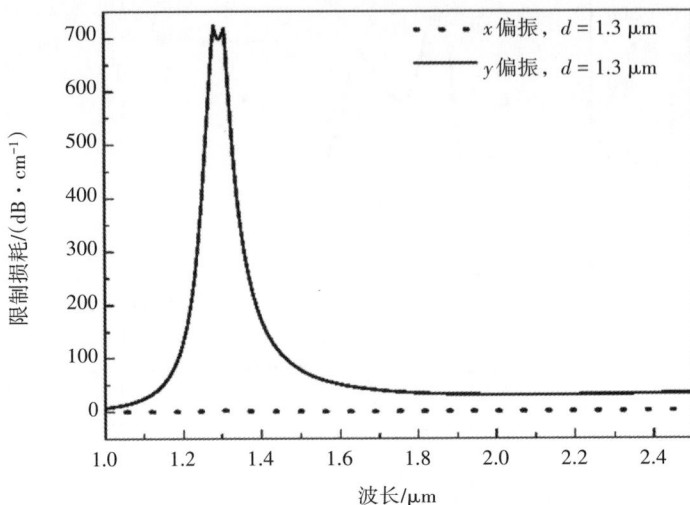

（d） $d=1.3\ \mu m$

图4.15 不同 d 时 x 和 y 两个偏振方向的限制损耗随波长的变化曲线

振效应，且共振峰的强度比 y 偏振方向的要高，因此在损耗差值求解中会产生负值，最终导致 CT 曲线中波谷的存在。当然，其他的波谷也能够用同样的原理来解释。

为便于理解图4.14中所描述的几何参数对 CT 的影响，进而探索几何参数以及 CT 对滤波性能的调控关系，图4.16中归纳了两个物理量——CT 的最大值和 CT 高于 20 dB 时对应的 BW——随着几何参数优化过程的改变情况。几何参数的变化规则与图4.11至图4.13中的研究一致。结果表明：随着 d 的增加 [图4.16(a)]，CT 的最大值从 180 dB 成正比例地增加到 300 dB，BW 先从 1260 nm 增加到 1290 nm 后在 $d = 1.3\ \mu m$ 时突然急剧地降低到 480 nm；此时取 d 的值为 1.1 μm，随着金膜厚度 t 的增加 [图4.16(b)]，CT 的最大值从 320 nm 逐渐减小到 190 nm，BW 从 1230 nm 持续增加到 1290 nm 后基本保持一个稳定的值；继续讨论 $d = 1.1\ \mu m$ 和 $t = 50\ nm$ 时 d_l 的变化对这两个物理量的影响 [图4.16(c)]，CT 最大值和 BW 都随着 d_l 的增加线性增加，且 BW 始终大于 1260 nm，甚至当 $d_l=3.2\ \mu m$ 时 BW 可达到 1340 nm 的宽波段范围。

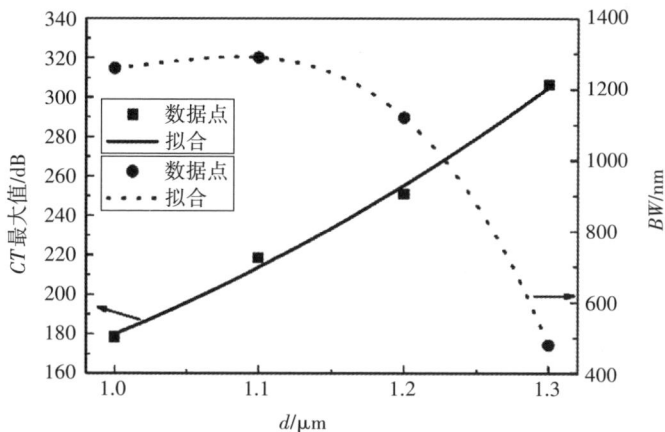

（a）改变 d

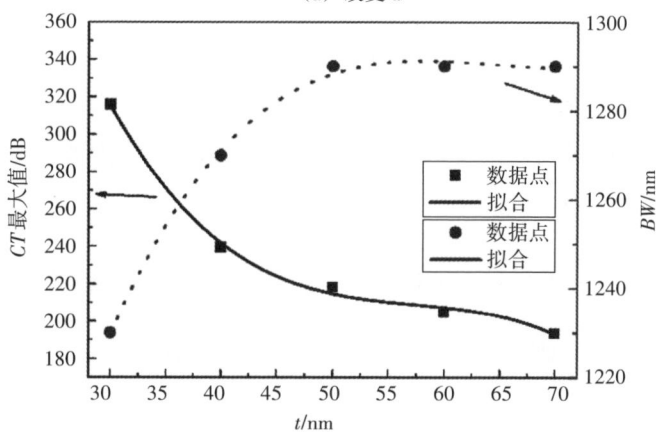

（b）改变 t

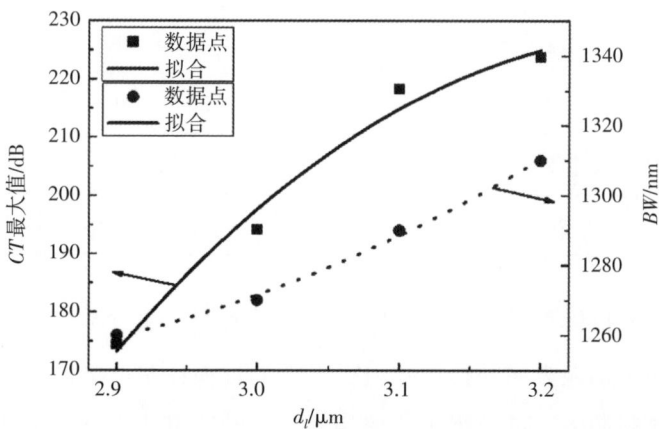

（c）改变 d_l

图 4.16　CT 最大值和 BW 随着几何参数的变化情况

4.2.5 滤波器的性能指标 *CT* 和 *BW* 与几何参数间的拟合曲线

从图 4.16 中可以进一步得出此金膜涂敷型微结构光纤的几何参数 d，t，d_l 对 *CT* 最大值和 *BW* 的拟合曲线。可将几何参数 d，t，d_l 作为自变量 x，器件输出特性 *CT* 最大值和 *BW* 作为因变量 y。为使结果更加精确，关系曲线的拟合过程需要在尽量保证曲线平滑的基础上，使得计算点能够在曲线上或均匀地分散在曲线两侧。通过对比分析，*CT* 最大值和 *BW* 随 d，t，d_l 的变化规律可分别由表 4.2 所示的不同拟合函数近似表达。那么，在对基于微结构光纤的偏振滤波器进行设计时，可根据性能需求以及在理论上得到的拟合多项式来反向确定大致满足预期性能指标的几何参数，并初步预测光纤的几何结构。然后，根据构建的几何模型顺向求解其具有的功能特性，同时通过不断地与预期目标进行比较分析，逐步减小理论仿真与预期之间的差距，以最终实现输出性能的最优化。这不仅使得几何建模过程有迹可循，而且使优化环节目标明确，更使理论仿真的意义得到了进一步的提升。

表 4.2　微结构光纤几何参数与性能指标间的拟合曲线表达式

变量 x	变量 y	拟合曲线表达式
d/μm	*CT* 最大值/dB	$y = 278.29456 - 495.03005x + 396.64568x^2$
	BW/nm	$y = 49360 - 141600x + 138500x^2 - 45000x^3$
t/nm	*CT* 最大值/dB	$y = 1079.19764 - 44.36797x + 0.76304x^2 - 0.00443x^3$
	BW/nm	$y = 859.71429 + 20.47619x - 0.32143x^2 + 0.00167x^3$
d_l/μm	*CT* 最大值/dB	$y = -3651.42818 + 2358.15235x - 358.37735x^2$
	BW/nm	$y = 3086.5 - 1355x + 250x^2$

我们的预期目标是设计一种单偏振宽带滤波器，通过系统的分析可知金膜的涂敷使得两个偏振方向的损耗差值很大，而且损耗差值覆盖的带宽受微结构光纤的几何参数调控，可根据图 4.16 和表 4.2 的结果选择符合设计预期的最优参数并得到对应的如图 4.17 所示的 *CT* 曲线。因为硅基材料的低损耗透光范围

一般不超过 2.50 μm，所以理论仿真步骤不超过这一波长范围。

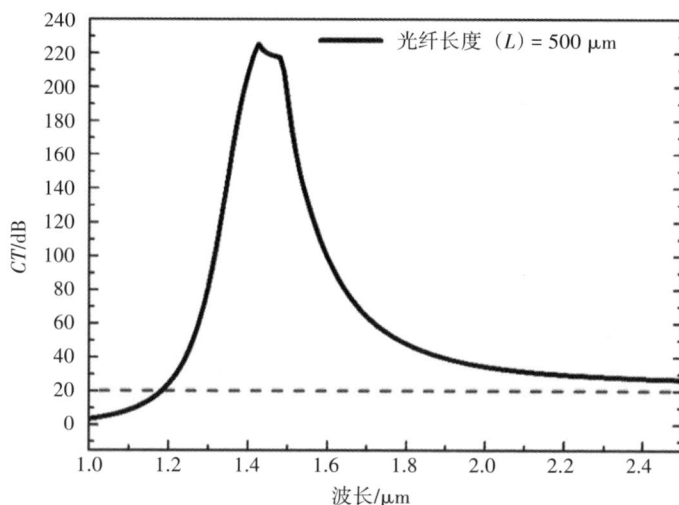

图 4.17　金膜涂覆微结构光纤在优化的几何参数下的 CT 曲线
（d=1.1 μm，d_l = 3.2 μm，t = 50 nm）

经过一系列有规律性地优化设计得到，本节所构建的微结构光纤在 CT 高于 20 dB 的 BW 可达到 1310 nm（从 1.19 μm 到 2.50 μm），实现覆盖了 O（1260 ~ 1360 nm）、E（1360 ~ 1460 nm）、S（1460 ~ 1530 nm）、C（1530 ~ 1565 nm）、L（1565 ~ 1625 nm）和 U（1625 ~ 1675 nm）整个通信范围的超宽带波段。这是目前所报道的带宽较宽的微结构光纤单偏振滤波器，可在长距离信号传输系统中用作低损耗和低干扰的高容量光信息载体。

▶▶ 4.3　丙三醇填充的金膜涂覆型微结构光纤的偏振特性研究

填充型微结构光纤因填充材料的多样性（包括金属填充型、向列液晶填充型、磁流体填充型、温敏材料填充型和有机溶液填充型等），在偏振、传感、信息传递以及电磁特性等方面都展现了前所未有的应用前景。丰富多样的功能型材料与微结构光纤本身具有的几何优势相结合，使得光学器件集成化和小型化不再是纸上谈兵，也为高功率、高性能和可持式微结构光纤光学系统在军事航天、民用医疗和工业核检方面的扩展应用注入了新鲜的血液。

我们根据损耗和 *CT* 曲线的变化研究并归纳了可实现在通信波长处的单偏振窄带滤波和可覆盖 1310 nm 波段的超宽带偏振滤波特性所需要满足的理论规律。然而，偏振器件除了要具备窄带和宽带低损耗传输信号的能力之外，有时还需根据实际情况允许某些特殊信号在某特定波长处的传送，对此，本节设计了一种波长可调谐型偏振滤波器。同时，从器件性能集成化的角度出发，在镀金膜微结构光纤的空气孔中同时填充了一种温敏材料——丙三醇，继续基于表面等离子体共振效应来设计性能可兼容型微结构光纤基光学器件，以期在利用损耗共振峰研究其偏振性能的同时找到它与温度传感特性间的联系与纽带。

4.3.1 几何结构参数

如图 4.18 所示，光纤由三层空气孔构成，晶格常数为 Λ，包层空气孔直径用 d 表示。纤芯周围的两个大空气孔 d_1 和 4 个小空气孔 d_2 的引入是为了形成了一个不规则的椭圆型芯并增加双折射效应。同时，第二层空气孔中还引入了一个涂覆了厚度为 t 的金膜的直径为 d_3 的空气孔来作为调制孔。功能型材料丙三醇是一种常用的干燥剂、化妆品制剂和化学制剂，俗称甘油，除了在日常生产生活中的广泛应用外，它还是一种常见的温敏材料，因此选择在镀金膜的空气孔 d_3 中填充丙三醇溶液来检测该光纤对温度的依赖特性。此设计的初衷是研究其偏振滤波特性，同时挖掘其温度敏感特性。背景材料纯石英和金的材料色散可分别由 Sellmeier 方程和 Drude-Lorentz 模型得到。

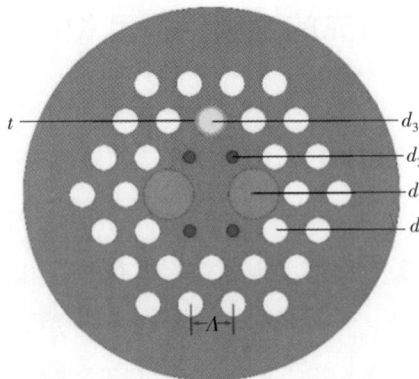

图 4.18　丙三醇填充的金膜涂覆型微结构光纤截面图

4.3.2　输出结果与分析

首先设定初始的几何参数分别为 $\Lambda = 2$ μm，$d = 1.2$ μm，$d_1 = 2.4$ μm，$d_2 = 0.6$ μm，$d_3 = d = 1.2$ μm，$t = 40$ nm。光纤的纤芯模式以及不同阶数的 SPP 模式在温度 $T = 20$ ℃下的有效折射率曲线如图 4.19 所示。同样地，有效折射率随着波长的增加呈下降趋势。因为温敏材料丙三醇的有效折射率比石英的高，所以丙三醇填充的气孔相当于一个缺陷，可以把它当作一个缺陷芯来对待，光也可以在其中传输，图 4.19 中给出了相应的缺陷芯模式的有效折射率曲线。缺陷芯的有效折射率分别与纤芯的 x 偏振和 y 偏振方向模态在 1.05 μm 和 1.03 μm 处有交点；而且在更长的波长位置，可以得到二阶 SPP 模式的有效折射率与纤芯的 x 偏振和 y 偏振模态的有效折射率在 1.48 μm 和 1.40 μm 处满足相位匹配，分别位于短波长带（S 带，1460～1530 nm）和扩展波长带（E 带，1360～1460 nm）。插图中分别给出了相位匹配点位置对应的矢量电场分布图。此外，从曲线中也能找到三阶 SPP 模式与纤芯模式有效折射率的交点，虽然从电场矢量图中并没有发现这一位置有明显的共振耦合效应，但在后面的限制损耗光谱中发现了共振峰的微弱存在。

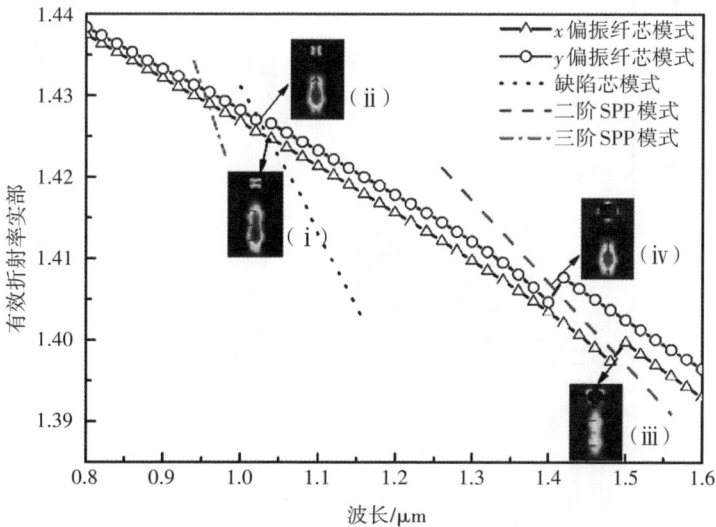

插图中给出了对应波长处的电场分布

图 4.19　几种模式有效折射率随波长的变化图

在图 4.20(a) 中，可以观察到 3 个共振峰的存在，其中一个与丙三醇填充空气孔形成的缺陷芯相关，另外两个与金膜涂覆产生的表面等离子体共振效应有关。表面等离子体共振效应会促使纤芯能量的泄漏并导致损耗的增加，而缺陷芯的存在也会使得纤芯的能量耦合到缺陷芯中，导致限制损耗变大而出现峰值现象。为了反映镀金膜的重要性，本部分在保证其他参数不变的条件下，将此结果与只填充丙三醇而没有镀金膜的情况做了比较，结果如图 4.20(b) 所示。研究发现，没有镀金膜时的限制损耗光谱是一条平坦的曲线，并没有任何峰值的产生，缺陷芯与纤芯之间也没有共振峰，这充分体现了涂覆金膜的重要意义。金膜的存在导致倏逝场的泄漏更容易实现，其作用主要体现在两个方面：一方面，倏逝场的增加可以更好地激发纤芯基模与表面等离子体模式间的耦合共振；另一方面，倏逝场的增加使得纤芯中的能量更容易泄漏到缺陷芯区域，从而激发纤芯与缺陷芯间的模式耦合。

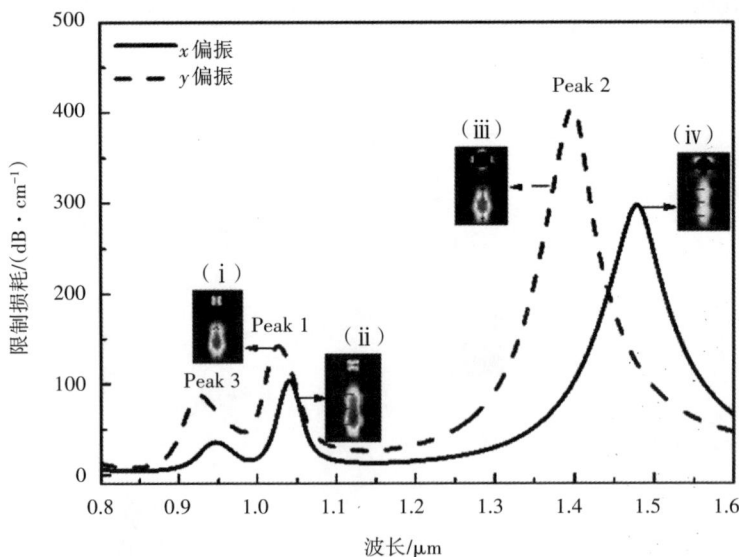

(a) 镀金膜

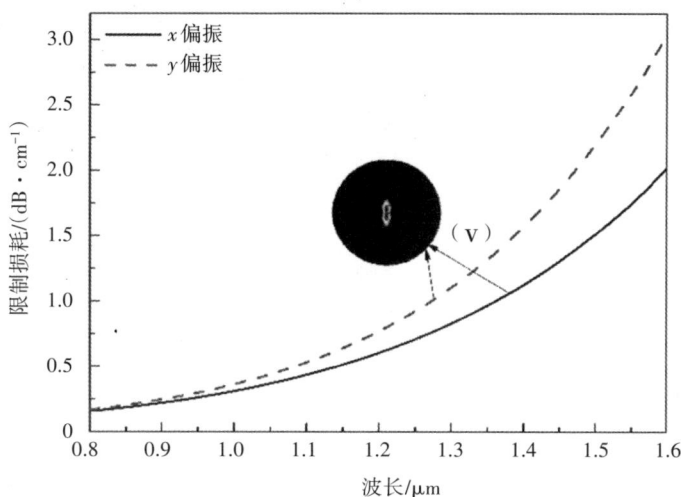

（b）非镀金膜

图 4.20　镀金膜和非镀金膜的丙三醇填充型微结构光纤纤芯模式的限制损耗曲线 [插图（ⅰ）至（ⅴ）分别对应各个波长处的电场分布图]

　　为方便起见，把源自纤芯与缺陷芯间模式耦合的共振峰命名为 Peak 1，把源自纤芯模式与二阶 SPP 模式的表面等离子体共振效应的共振峰命名为 Peak 2，再把源自纤芯模式与三阶 SPP 模式的表面等离子体共振效应的共振峰命名为 Peak 3。在短波长处来自三阶 SPP 模式的损耗峰相对比较微弱，所以在后续的讨论中，先不考虑它的变化，只对 Peak 1 和 Peak 2 的改变进行系统的考量。

4.3.3　损耗特性优化

4.3.3.1　包层空气孔的直径 d 对损耗特性的影响

　　通过对基于表面等离子体共振效应的微结构光纤光学特性的一系列分析与讨论之后，已经能够证明基于表面等离子体共振效应的微结构光纤（SPR-MOF）的偏振滤波器的性能是可以随着光纤的几何结构参数来调控的，其理论基础是限制损耗共振谱随着几何结构的改变会发生有规律的调整。从图 4.20 中可直观地观察到两个相互垂直方向的偏振模态的损耗共振峰分别位于不同的波长，可以此为基础，以限制损耗曲线的可调控性为基本准则来探究该光纤所具有的潜在滤波性能。此外，因为丙三醇的引入，该光纤在温度传感方面的灵敏性仍是本部分的研究要点。图 4.21(a) 首先给出了 d 的尺寸变化对损耗曲线的影响，有效折射率的变化曲线如图 4.21(b) 所示，这里先以 y 方向偏振模态为参考。考虑到丙三醇不仅是一种高折射率材料，更是一种温敏材料，所以还分别讨论了在温度 $T = 20\ ℃$ 和 $T = 40\ ℃$ 下损耗曲线的受扰动情况。初始参数值分别设定为 $\Lambda = 2\ \mu m$，$d_1 = 2.4\ \mu m$，$d_2 = 0.6\ \mu m$，$d_3 = 1.2\ \mu m$，$t = 40\ nm$。随着 d 从 $1.1\ \mu m$ 增加到 $1.3\ \mu m$ 时，由图 4.21(a) 可得，在相同的温度下，曲线上两个损耗峰的共振点都是先向长波长方向移动一段距离后又向短波长方向移动，且 Peak 1 的强度一直减小，而 Peak 2 的强度是先增大后减小的。产生这一现象的原因可由图 4.21(b) 中纤芯、SPP 和缺陷芯模式的有效折射率的具体变化来解释。缺陷芯模式和 SPP 模式的有效折射率曲线都随着 d 的增加先向右上方移动再向左下方移动，且纤芯基模有效折射率的突变点也是先向右移再向左移，故相位匹配点先向长波长方向移动再向短波长方向移动，因此，损耗共振峰有相同的变化规律。关于温度 T 的改变对各个损耗峰值的影响，本书将在 4.3.5 中进行详细的阐述。下面继续考虑其他的几何参数对共振峰的调控。

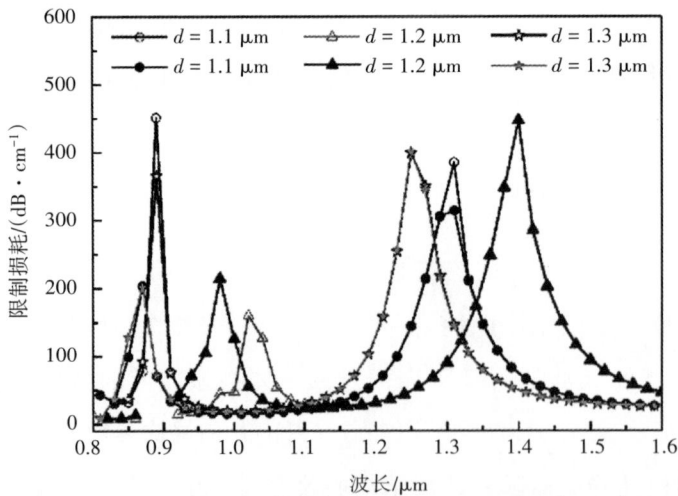

(a) 限制损耗

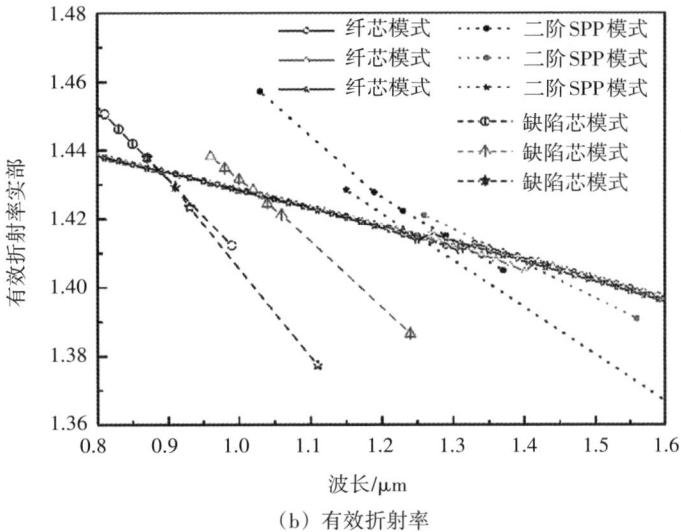

（b）有效折射率

图 4.21（a）中空芯符号实线对应 $T = 20\ ℃$，实芯符号实线对应 $T = 40\ ℃$

图 4.21　当 d 从 1.1 μm 增加到 1.3 μm 时模式的限制损耗和有效折射率随波长的变化曲线

4.3.3.2　缺陷芯直径 d_3 对损耗特性的影响

光纤的损耗峰值受缺陷芯的尺寸 d_3 的影响规律如图 4.22（a）所示，其他参数的取值分别为 $\Lambda = 2$ μm，$d = 1.2$ μm，$d_1 = 2.4$ μm，$d_2 = 0.6$ μm，$t = 40$ nm，仍然先考虑 y 方向偏振模态的情况。图中空芯符号实线代表温度 $T = 20\ ℃$，实芯符号实线代表温度 $T = 40\ ℃$。同一温度下，随着 d_3 的增加，两个共振峰均发生红移现象，且 Peak 1 的强度先增大后减小，而 Peak 2 的强度一直呈增大趋势，同样可根据图 4.22（b）中的有效折射率变化曲线来解释。空气孔 d_3 中既填充了高折射率的丙三醇又镀了金膜，液态缺陷芯模式和 SPP 模式的有效折射率会受 d_3 的改变而变化，如图 4.22 所示，曲线随着 d_3 的增加向右上方移动，即相位匹配点向长波方向移动，损耗共振峰也向长波方向移动。而且，随着 d_3 的不断增加，金膜与纤芯间的距离更近，使得纤芯中的模场向金属区域泄漏得更多，导致表面等离子体共振效应更强，所以，Peak 2 的强度是逐渐增加的。但对于 Peak 1 而言，其峰值强度的变化主要归因于它的产生途径。纤芯泄漏的光场要先经过金属后再传递到缺陷芯中，因此若倏逝场的大部分能量可以激发金属表面更多的自由电子而使表面等离子体共振增强，那么进入到缺陷芯中的能量就会有所降低，减弱其与纤芯模式之间的耦合共振强度，导致 Peak 1 出现强度减弱的现象。同样，温度 T 的改变对损耗峰的影响会在第 4.3.5 中进行阐述。

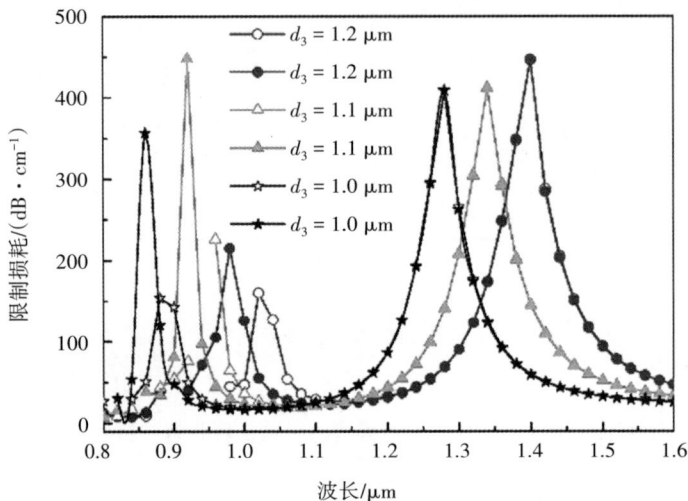

（a）限制损耗

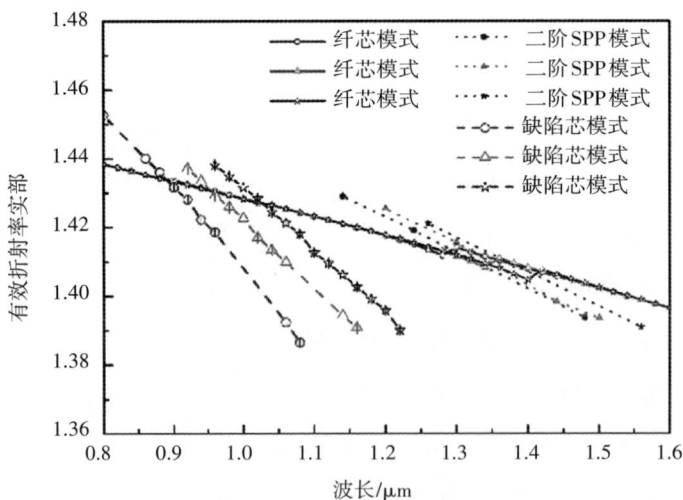

（b）有效折射率

图 4.22 当 d_3 从 1.0 μm 增加到 1.2 μm 时纤芯 y 偏振模式和等离子体模式的限制损耗和有效折射率随波长的变化曲线

4.3.4　波长可调型偏振滤波特性分析

通过一系列的讨论和研究，已经能够清楚地了解损耗曲线与几何尺寸的依赖关系，同时揭示了微结构光纤在偏振滤波方面的巨大潜能，所以还需进一步考虑 CT 这个衡量性能优劣的决定性因子。先考虑几何参数分别为 $\Lambda = 2\ \mu m$，$d = 1.2\ \mu m$，$d_1 = 2.4\ \mu m$，$d_2 = 0.6\ \mu m$，$d_3 = 1.2\ \mu m$，$t = 40\ nm$，$T = 20\ ℃$时基于该光纤的偏振滤波器的 CT 值，结果如图 4.23 所示。随着光纤长度从 $500\ \mu m$ 增加到 $1100\ \mu m$ 时，CT 的最大值和 CT 曲线的宽度都是逐渐增加的。

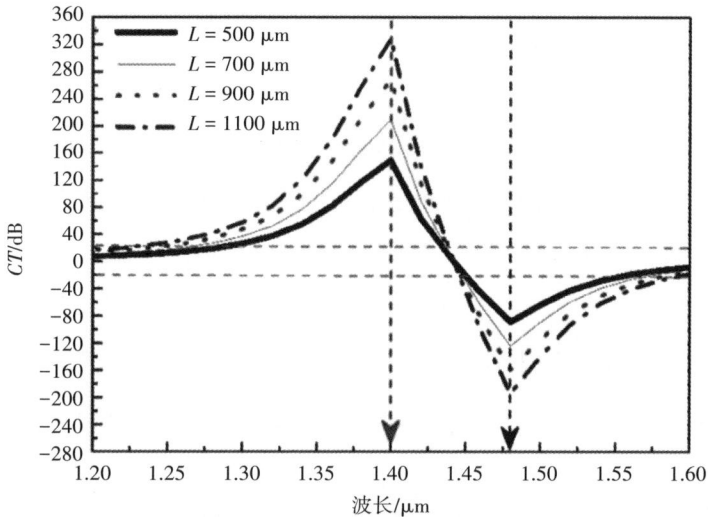

图 4.23　丙三醇填充型金膜涂覆微结构光纤的 CT 随波长的变化曲线

对应图 4.20(a) 的仿真结果，可以很明显地看出图 4.23 中的 CT 在模式间的相位匹配点处达到最大值，即在 $1.40\ \mu m$ 处 CT 的最大值可达 328.3 dB，而且满足 CT 大于 30 dB 的 BW 高达 190 nm，体现了该微结构光纤在偏振滤波方面的高串扰和宽带宽的优势。采用微结构光纤特殊的几何结构以及向光纤中引入功能型材料的方式来调控不同模式间的耦合共振效应，能为光学器件的实用化和产业化发展提供强有力的参考，通过研究损耗共振峰与几何结构参数之间的依赖关系，可依据宏观需求有目的性和有针对性地设计光学元件和产品。

4.3.5　温度 T 对输出特性的影响

在分析了该光纤的偏振滤波特性后，本部分继续对图 4.21(a)、图 4.22(a) 中的损耗共振峰受温度 T 的影响效应进行分析。随着 d，d_3 和 t 的增加，共振峰 Peak 1 始终随着温度的增加向短波长方向移动，这揭示了该微结构光纤在温度传感方面的潜在价值。对于不同的 d 和 d_3，它们与表面等离子体共振效应有关的第二个共振峰 Peak 2 随着温度 T 的改变基本保持不变。而对于不同金膜厚度 t 下的损耗光谱，曲线上的两个共振峰 Peak 1 和 Peak 2 之间是相互影响的，这种制约关系并不会随着温度的改变而改变，两个峰始终随着金膜厚度 t 的增加逐渐相互靠拢，所以，在不同的 t 下，Peak 2 由于受到 Peak 1 的调制作用，也会随着温度 T 的增加向短波长方向移动。对于不同的 d 和 d_3，只有共振峰 Peak 1 受温度调控，而共振峰 Peak 2 的位置并不随温度 T 的改变而改变，也就是说，Peak 2 是对温度不敏感的。从两个共振峰的不同变化规律可知，若分别把不同峰的变化规律应用于不同的光学器件中，那么既可以通过追踪 Peak 1 对温度或其他物理参量的变化规律并将其作为传感器件的探测机理；也可以同时利用 Peak 2 受几何参数的可控性来制备光学偏振滤波器，以期利用同一根光纤在不同的操作波长下实现不同的光学功能。这充分体现了基于微结构光纤光学器件的高集成性在光学与其他领域的交叉融合进程中可发挥桥梁或纽带作用。有关此光纤在温度传感方面的性能优劣将会在第 5 章中进行深入的讨论。

▶▶ 4.4　本章小结

本章提出了三种基于表面等离子体共振效应的单芯微结构光纤偏振滤波器。有限元法始终贯穿整个模拟仿真的过程。首先聚焦了对具有超宽带偏振滤波性能的微结构光纤的设计，采用了一种金膜涂覆型高双折射微结构，并依据几何参数对其进行了优化，系统考虑了结构参数对光纤的基本特性和滤波性能的影响；得到了 CT 高于 20 dB 时的 BW 为 1310 nm，具有覆盖 O+E+S+C+L+U

带的超宽带偏振滤波性能，两个低损耗通信波长 1.31 μm 和 1.55 μm 也完全涵盖在内，光纤的长度只需要 500 μm，这在长距离信息输送方面具有良好的应用前景。其次，本章还设计了一种具有简单结构的金属丝填充型微结构光纤，分别比较了其光学性能在单金属丝和双金属丝填充前后的改变，利用损耗特性曲线的共振峰受几何参数和模式耦合的调控效应实现了在 1.31 μm 和 1.55 μm 波长处可同时滤波的单偏振窄带滤波器。最后，依据损耗共振峰的灵活可调控性，设计了一种兼具滤波特性和温度传感特性的金膜涂覆的温敏材料填充型微结构光纤，提出了利用同一根光纤可实现在不同操作波长处分别输出两种独立的光学功能的设想，在丰富光学器件性能指标的同时也提升了它的集成度。本章主要基于微结构光纤光学器件的偏振特性展开了详尽的讨论，关于损耗共振峰在传感领域的贡献和价值将在第 5 章中进行具体的研究。

第5章 基于表面等离子体共振效应的微结构光纤传感器研究

　　传感器是工业、农业、商业等行业迈入现代化的基石，它已经逐渐融入人们的生活中并成为其不可分割的一部分。从常见的红外温度计、电子体重秤、人脸识别、远程遥感到国家基础建设中的环境监测、医学诊断和工程检压等，传感器都无处不在。它不仅架起了一座人类与自然间信息传递的桥梁，更为人类感知自然的变化提供了便捷的途径和机会。因此，研究具有新机理和新性能的传感器意义非凡。与传统的压电式传感器相比，光纤传感器具有体积小、重量轻、稳定性高和可实现在恶劣环境下的实时检测等优点，已成为很热门的研究课题，并持续激发着科研工作者的探索兴趣和热情。光纤传感器的工作原理是利用光纤中传输的光信号对外界物理量的改变进行同步感知。当外界待测物理量（如温度、浓度、湿度、应力、磁场等）发生变化时，会导致光纤中传输光波的特征参数（如相位、光强、波长等）也发生相应的变化，只要找出这些特征参数与待测物理量之间的依赖关系，就可以反向得到待测物理量的变化情况。图 5.1 给出了光纤传感器的基本工作原理。

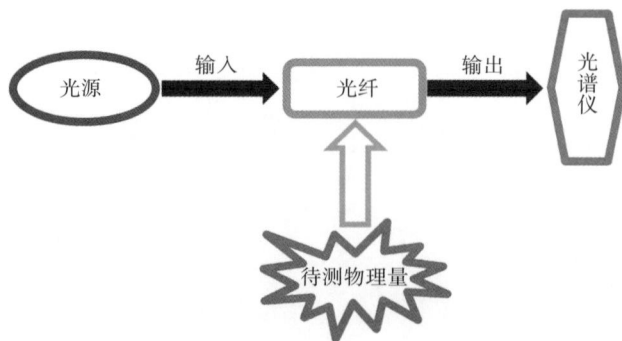

图 5.1　光纤传感器工作原理图

作为光纤传感器的重要分支，基于微结构光纤的传感以其灵活可控的几何结构和新型独特的光学特性引起了业界研究人员的广泛关注，为光纤传感性能的提升注入了新的活力。研究学者以此为基础，将其应用潜能逐步向外扩展延伸。通过向空气孔中填充丙三醇等类型的温敏材料，可以实现对外界温度的监控；通过填充磁流体等磁性材料，可以实时感知外界磁场的变化；通过填充液晶，可以实现对温度、电场和磁场的同时探测；还可以通过填充其他材料来感应分析物折射率的变化，在生物化学传感领域体现出了潜在的应用前景。

近年来，为了实现高灵敏度和微集成度的特点，SPR-MOF 传感器应运而生。表面等离子体共振峰的波长和强度会随着金属传感膜表面的分析物介质折射率的变化而变化，因此，可通过感应峰值的移动规律来区分折射率的细微变化，从而实现对分析物的折射率传感，这在工业生产、大气监测、民用军工等领域都有所体现。许多基于微结构光纤微流体通道的表面等离子体共振传感器不断地被报道。这类传感器性能的好坏主要依赖于倏逝场作用下的表面等离子体模式与纤芯模式之间的共振耦合强度。要想提高传感器的灵敏度，应尽量提高纤芯模场向外的泄漏，以使表面等离子体共振效应增强。

目前可用来增加倏逝场的方式主要有两种：一种是通过灵活调控光纤的几何结构来实现；另一种则是在保证光纤通光完好的情况下对其进行微加工后处理，以实现纤芯模场的泄漏，包括拉锥、侧抛、腐蚀等。然而，这在实用化的发展进程中仍面临诸多困难，如在微米量级的气孔内表面均匀沉积金属薄膜的技术难度高，严重制约了 SPR-MOF 传感器的普遍化发展。侧抛型光纤 SPR 传感器作为一种新的设计理念获得了诸多研究学者的青睐。由于侧抛工艺不仅保持了光纤的基本结构，还具有一定的机械强度，使得光纤不易断裂，同时保证了侧抛表面的平整度，为后续的镀膜工艺减少了很多困难。基于微结构光纤的传感器因其应用范围广、市场需求量大、种类多样等不可替代的优势，一直以来都是科研工作者以及产品工程师眼中炙手可热的对象，有关此类光纤传感器的研究仍然拥有巨大的空间需要人们去探索。

▶ 5.1 基于丙三醇填充的金膜涂覆型微结构光纤温度传感特性

5.1.1 几何结构参数

4.3 节中设计了一种丙三醇填充的金膜涂敷型微结构光纤，它所具有的双共振峰可分别用作偏振器件和传感器件，这种性能兼容型光纤极大地促进了光学器件功能的多样性。本部分首先根据图 4.18 中给出的光纤结构，在前文研究内容的基础上继续利用不同模式间的耦合共振效应来探索它的温度传感特性。

5.1.2 输出结果分析与优化分析

图 5.2 给出了当温度 T 从 20 ℃ 增加到 50 ℃ 时纤芯的限制损耗曲线的变化情况。我们从图 4.20 中已经得到：该光纤损耗曲线中的共振峰 Peak 1 来源于温敏材料丙三醇形成的缺陷芯与纤芯之间的模式耦合，Peak 2 源于纤芯模式与 SPP 模式间的表面等离子体共振效应。所以，当微结构光纤的几何参数固定不变时，第一个共振峰 Peak 1 是受温度调制的，另一个共振峰 Peak 2 与温度变化无关，如图 5.2 所示。随着温度的不断增加，两个偏振方向模态的共振峰 Peak 1（即相位匹配点）都发生蓝移。同时，y 方向偏振模态的限制损耗峰的强度随着温度的增加而呈线性增大，x 方向偏振模态的损耗强度随温度的增加而减小。而且，在每一个特定的温度 T 下 y 偏振方向的损耗带宽都比 x 偏振方向的要宽。通过对损耗特性曲线在不同温度 T 下的研究，进一步证明了利用同一根光纤实现性能兼容的可行性，即可以利用短波长处的共振峰 Peak 1 来追踪外界温度的变化，以实现温度传感，同时可以利用几何参数对长波长处共振峰 Peak 2 的调控效应来制备波长可调谐型偏振滤波器。

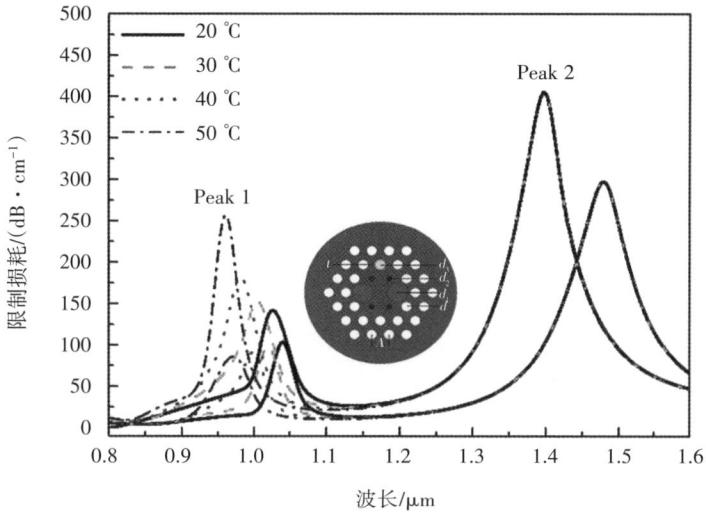

图 5.2　当温度 T 从 20 ℃增加到 50 ℃时的限制损耗曲线

5.1.3　温度传感特性

对于光学传感器，它的性能指标一般从三个方面来评估：信噪比、半最大全宽和灵敏度。特别地，信噪比是描述传输信号中的有效成分与噪声成分之间比值的物理参量，单位用 dB 表示；半最大全宽则表示传输信号强度为其最大值的 1/2 时对应的带宽，$FWHM$ 越窄，传感潜能越大；温度敏感元件的灵敏度 $S_T(\lambda)$ 可用式（5.1）求得：

$$S_T(\lambda) = \frac{\mathrm{d}\lambda_{peak}}{\mathrm{d}T} \tag{5.1}$$

式中，$\mathrm{d}T$，$\mathrm{d}\lambda_{peak}$——温度的变化量及相应的共振波长的移动量。

根据式（5.1）可得到该光纤在 x 偏振方向和 y 偏振方向的温度灵敏度分别为-2.50 nm/℃和-2.00 nm/℃。灵敏度为负数，代表随着温度的升高，共振峰值向左移动，即高折射率材料丙三醇的折射率是随着温度的增加而降低的。Shuai 等人曾报道过一些温敏材料的折射率随温度的增加不断减小的现象[138]，也就是说，微结构光纤液态缺陷芯中的待测分析物是可以存在负灵敏度的。其余两个参数可以用更普适的品质因数（figure of merit，FOM）来综合表达[139]：

$$FOM = \frac{m}{FWHM} \qquad (5.2)$$

式中， m——折射率下共振峰位置的移动量，即本节研究系统中的灵敏度 $S_T(\lambda)$，eV/RIU；

$FWHM$——损耗值为最大峰值一半时对应的谱宽，eV。

由这一公式可得到，FOM 的取值与灵敏度正相关，与损耗峰的半最大全宽成负相关。由此计算得到的 FOM 随着温度 T 的变化曲线如图 5.3 所示。从图中可明显观察到，两个偏振方向模态的 FOM 都随着温度的增加而减小，而且，通过对曲线的进一步拟合，得到 FOM 与温度之间的线性依赖关系。当外界温度为 0 ℃时，基于该光纤的温度传感器在两个偏振方向的 FOM 分别能达到 0.20435 ℃⁻¹ 和 0.07704 ℃⁻¹。FOM 随着温度逐渐减小主要是因为损耗谱的带宽随着温度的增加而增加。所以，要想使光纤具有完美的传感潜能，其损耗峰值的宽度应当越窄越好。

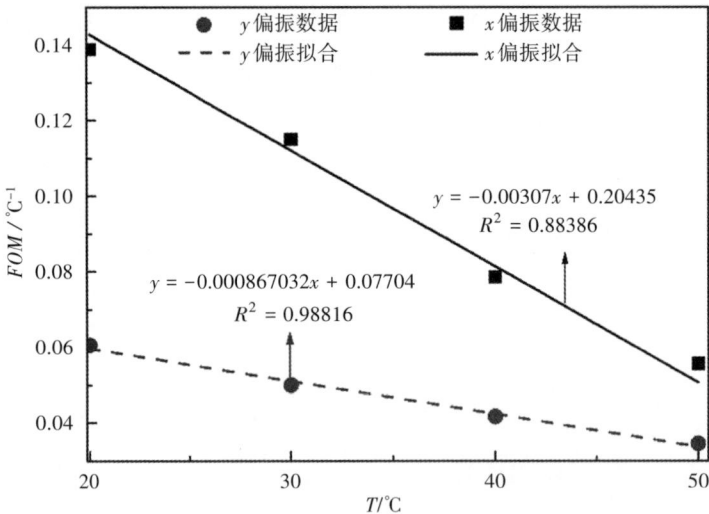

图 5.3　传感器的 FOM 对温度的依赖曲线

由此可见，同一光纤的不同损耗共振峰可以用作不同的应用领域。可以把一些待测分析物（如温敏材料）填充到微结构光纤的空气孔中，通过探寻一部分输出光谱的变化规律来实现传感检测；还可以利用表面等离子体共振效应并结合几何参数的对另一部分输出谱可调控性实现偏振滤波的目的。结合 4.3 节中的研究内容，本部分的设计首次把传感特性和滤波特性集中在一根光纤上，尽管性能并没有达到最优化，但这一设想是具有开创性意义的，相信在多次尝试和新方法、新理论的支撑下，微结构光纤光学器件可以真正实现向集成化、小型化和多元化方向的发展。

▶▶ 5.2　超高灵敏度的侧抛型金膜涂覆微结构光纤折射率传感特性

对于 5.1 节的温度传感器，我们只是在提出器件性能兼容的基础上得到了初步的结果。为了增加传感器的灵敏度，以适应更广泛的应用需求，还需进一步对微结构光纤进行几何优化和后处理等。事实上，无论是温敏材料、磁流体还是液晶填充型光学传感器，其根本原理都是外场变化引起的材料折射率的改变，从而导致光纤输出特性的变化，因此，对折射率传感器的研究更加具有普适意义。随着微结构光纤理论研究和拉制工艺的不断成熟，许多基于微结构光纤微流体通道的折射率传感器不断涌现。但对微米量级的空气孔的选择性填充或对气孔的纳米量级金属镀膜而言，这些技术在实际操作的过程中都避免不了地存在许多制约和挑战，灵敏度量级有限，仍然需要科研工作者投入更多的精力。侧抛型光纤 SPR 传感技术的出现为研究者带来了新的思路。侧面抛磨型光纤，简称侧抛型（side-polished）光纤或 D 型（D-shaped）光纤，自 20 世纪 80 年代初期首次问世以来，在国内外研究学者的不断钻研与探讨下，已经历经了 30 多年的技术变革。关于这方面的研究主要集中在两个方面：一是对侧抛方法的改进和革新；二是对侧抛型光纤发展方向的定位、研究和扩展。技术提升主要集中在抛磨工艺和器械的更新换代、抛磨表面粗糙程度的提升以及工艺成本的减轻等方面；研发方面主要针对光学系统中新型光学器件的制备，如基于光纤光学的各种传感器、耦合器、滤波器、放大器、偏振器以及调制器等的性能提升和集成方面。

对光纤的侧面抛磨可以通过飞秒激光加工法、轮式抛磨法和化学腐蚀等方法来实现。相比于传统的完整型光纤，采用侧抛技术的优点是：依然能保持光纤的基本结构；可实现待测分析物在光纤外部直接检测，避免了对微米量级空气孔选择性填充带来的难度和阻力；相对平滑的侧抛表面有利于后续的金属镀膜工艺，如可以利用磁控溅射技术直接在表面镀金膜，或通过银镜反应镀银膜等，进而利用 SPR 技术实现高灵敏度的传感。这些都在一定程度上大大降低了实验难度，同时提高了可行性，减小了理论与实践的差距。

本节设计了一种结构简单、只由两层包层空气孔构成的侧抛型金膜涂覆微结构光纤，并挖掘了该光纤在折射率传感方面的潜能。可以利用传统的堆积法来制备光纤，侧抛平面可采用轮式抛磨法来获得。基于本节的设计，传感器件无须向光纤的微米量级的空气孔中填充待测分析物，可通过简单的、直接的、在光纤表面蘸取的方式，同时结合表面等离子体共振效应来实现对外界分析物的探测，极大限度地减少了操作步骤并降低了操作难度。

5.2.1　几何结构参数

侧抛型微结构光纤的截面示意图如图 5.4 所示，模型的几何优化是相对于 x-y 平面操作的，光是沿着 z 方向传输的。这种折射率引导型微结构光纤的设计思路仍然本着简易化和实用化的原则，只包含两层空气孔，并通过把第一层中的一个空气孔移除并用石英棒代替形成一个非对称纤芯。为了进一步获得高双折射特性，在预制棒的堆叠环节将第一层空气孔整体沿顺时针方向旋转 30°。

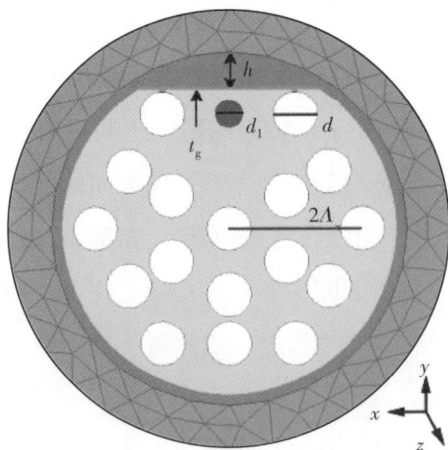

图 5.4　侧抛型金膜涂覆微结构光纤的截面图

至此，可得到一种超简易结构的光纤。晶格常数 $\Lambda=3$ μm，包层空气孔的尺寸 $d=2$ μm，截面图中最上方加深区域调制孔尺寸用 d_1 来表示。d_1 的尺寸比包层空气孔 d 的尺寸小，以增加从纤芯到侧抛平面的石英通道，从而使得纤芯中的场有更多的机会泄漏到侧抛面。光纤侧面的抛磨深度为 h，在光纤的侧面通过磁控溅射技术镀一层厚度为 t_g 的金膜，以利用表面等离子体共振效应。背景材料为石英。这样，只要保证待测分析物在金属膜表面流动，就可以通过观察输出光谱峰值的变化来实现检测，大大提高了实验的可行性和灵敏度。

5.2.2　输出结果分析与优化

图 5.5 分别给出了不同阶数的金属表面等离子体模式［图 5.5(a) 至 (c)］和折射率 $n_a=1.4$ 的液态分析物的模式［图 5.5(d)］的电场矢量分布图。了解和掌握各模式电场的分布图对充分理解后续的耦合过程是十分有帮助的。模拟仿真过程采用有限元法并结合完美匹配层和散射边界条件来实现。

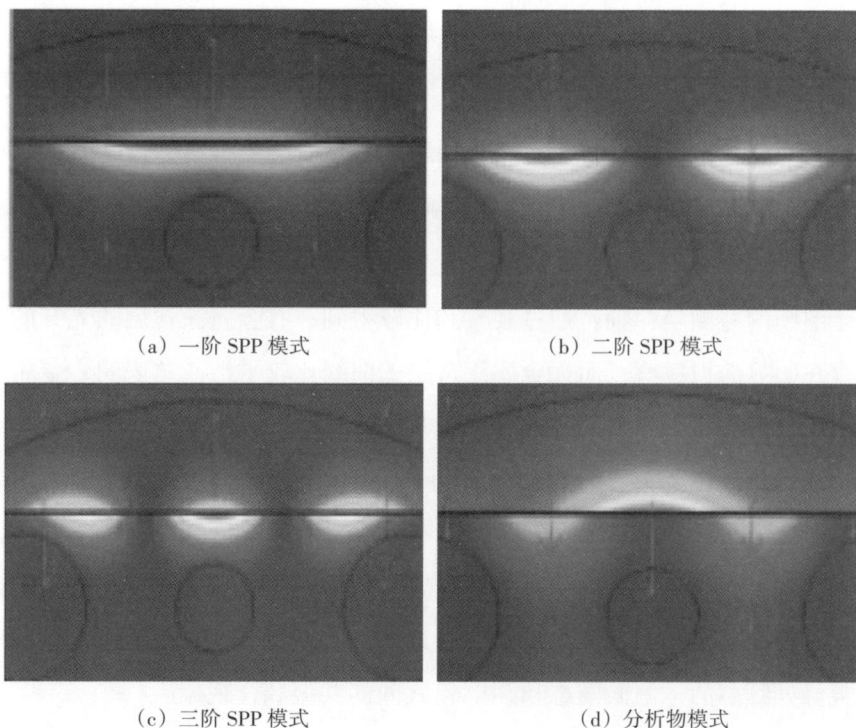

（a）一阶 SPP 模式　　　　　　　（b）二阶 SPP 模式

（c）三阶 SPP 模式　　　　　　　（d）分析物模式

图 5.5　金属和分析物几种典型模式的电场分布图

本节分别对微结构光纤的侧抛平面有、无金属涂覆层的两种情况下的损耗特性和有效折射率曲线进行了比较，结果如图 5.6 所示。因为光纤的不对称性是在 y 轴方向引入的，所以本节主要考虑纤芯 y 方向偏振模态的特性。

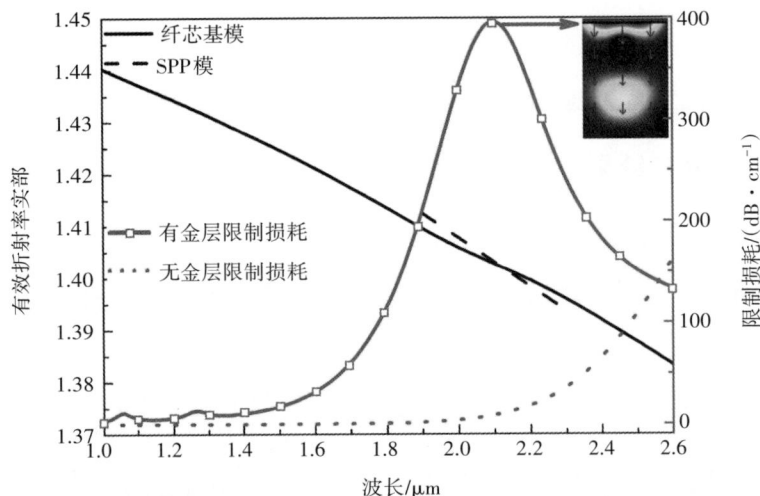

图 5.6　限制损耗和有效折射率对波长的依赖关系（插图为共振点处的电场分布图）

图中实线和带方形符号实线分别代表有金层时的光纤纤芯模式有效折射率实部和限制损耗，分别对应左侧和右侧的坐标轴；虚线代表 SPP 模式的有效折射率，对应左侧坐标轴；点线代表无金属涂覆层的光纤损耗特性曲线，其值对应于图中的右侧坐标轴。通过观察和比较得到：有金属涂覆层的光纤的损耗曲线存在明显的损耗峰，而无金属涂覆层的曲线比较平滑。这表明，金属的引入产生了表面等离子体共振效应和损耗共振峰，而这一现象能够为基于光纤的传感检测提供技术支持。可以明显看到，y 偏振模态的有效折射率曲线出现了 S 形的扭曲，且 SPP 模式和纤芯模式的有效折射率曲线恰好在这一突变的位置相交，交点处对应于损耗曲线峰值的位置，这说明该波长处产生了表面等离子体共振效应，有效折射率交点即为相位匹配点。从图 5.6 的插图中也能明显看到损耗峰处纤芯的 y 偏振模态和 SPP 模式间的共振耦合现象。

由于微结构光纤的性能是受其几何参数控制的，图 5.7 中模拟优化了调制孔

d_1 对光纤限制损耗特性的影响，同时，研究了当金膜表面接触具有不同折射率的液态分析物时损耗曲线与折射率间的依存关系。分析可得，每一条损耗特性曲线都有两个共振峰，结合插图中的电场分布能够得出，共振峰 Peak 1 来源于纤芯 y 偏振模态和金属一阶 SPP 模式的表面等离子体共振效应，损耗峰 Peak 2 来源于 y 偏振模态和分析物模式间的模式相位匹配耦合。n_a = 1.40 时，对应的 Peak 2 相当弱，由于本部分的初衷是设计一种基于表面等离子体共振效应的高折射率传感器，所以，表面等离子体共振效应越强，越有利于传感研究。而且，Peak 2 本质上是与分析物的折射率相关的，如果监测该共振峰的变化，将会引入对自身无法避免的干扰，无法实现对折射率的传感。因此，在以下的讨论中，暂不考虑与分析物折射率有关的 Peak 2 的变化，而只追踪 Peak 1 的改变。从图 5.7 中还能够得到，Peak 1 的最大值随着 d_1 的减小而升高，原因是：随着 d_1 的减小，纤芯与侧抛平面之间的硅桥面积变大，纤芯模场的泄漏越容易，即倏逝场越强，所以能够激发的表面等离子体共振效应也更强。此外，当 n_a = 1.42 且 $d_1 > 0.7$ μm 时，Peak 1 的强度逐渐降低甚至有消失的迹象，所以在本部分后面的讨论中，选择 $d_1 = 0.6$ μm 为最优尺寸。当然，当分析物的有效折射率 n_a 从 1.40 增加到 1.42 时，纤芯模式和 SPP 模式间的相位匹配点是随着 n_a 变化的，因此该光纤的设计原则和理念可应用到折射率传感探测方面。

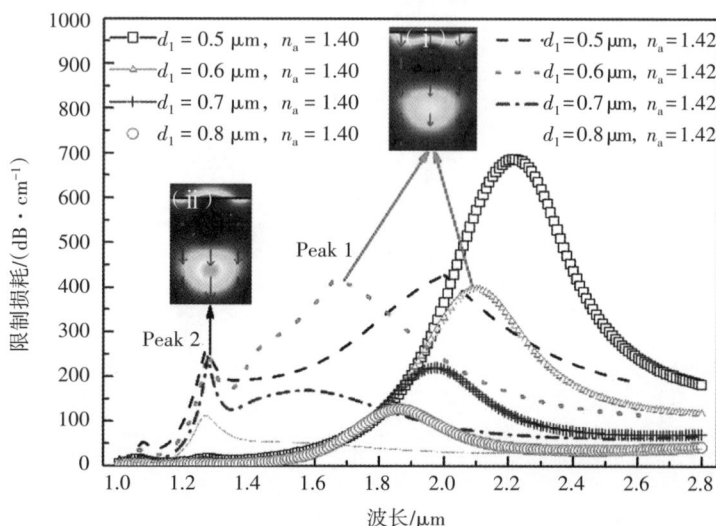

图 5.7　当 d_1 从 0.5 μm 增加到 0.8 μm 时的限制损耗随波长的变化曲线

5.2.3 折射率传感特性

图 5.8(a) 给出了分析物折射率 n_a 从 1.32 增加到 1.50 过程中损耗曲线的变化情况，折射率的递增间隔为 0.02 RIU。研究发现，当 n_a 从 1.32 增加到 1.40 的过程中，损耗共振峰向长波长方向移动，除 $n_a = 1.40$ 外，峰的强度是逐渐增强的。因为当 n_a 增加时，纤芯和传感层分析物之间的有效折射率差逐渐减小，使得纤芯与分析物模式间更容易发生相位匹配，更多的光从纤芯渗透到传感界面，从而导致损耗的升高。

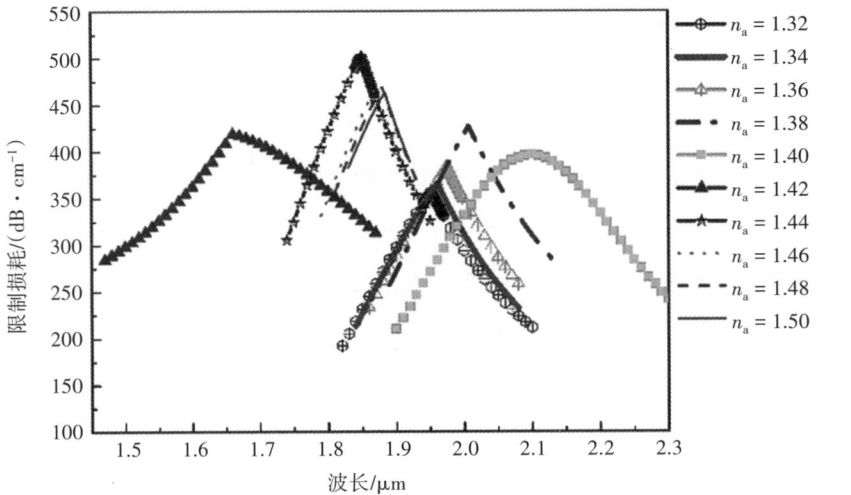

（a）限制损耗

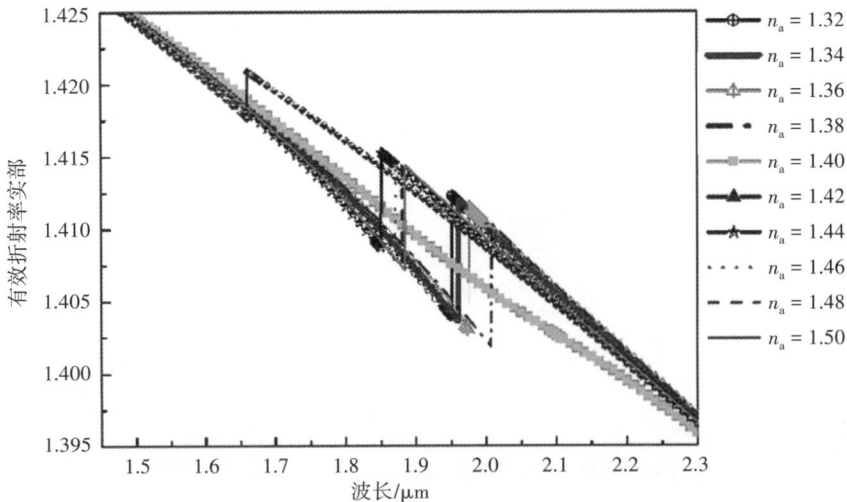

（b）色散

图 5.8 当 n_a 以间隔 0.02 RIU 从 1.32 增加到 1.50 时的限制损耗共振谱和色散曲线图

然而，随着 n_a 从 1.40 增加到 1.42，共振波长突然以较大的幅度向短波长方向移动，即在该传感机制中出现了负的折射率灵敏度。这一现象和 Shuai 等人的结果非常相似[138]，他们也证明了正、负灵敏度是可以同时存在的。出现负灵敏度的情况是因为纤芯模式和 SPP 模式的有效折射率会随着 n_a 的改变而受影响，峰值的负向移动说明两者的变化幅度是不一致的。

当共振峰向长波长方向移动时，SPP 模式的有效折射率受分析物的调控幅度较大；当共振峰突然向短波长方向移动时，说明 SPP 模式的有效折射率受分析物的调控幅度较小。图 5.8(b) 中给出了不同 n_a 对应的纤芯模式有效折射率曲线，当 $n_a = 1.42$ 时，曲线的 S 形扭曲急剧地移至短波长方向，进一步证明了共振波长发生了反向变化。随后，当 $n_a > 1.42$ 时，共振波长再次红移，依然按照原来的方向移动。由此可得，本节所设计的光纤结构在 n_a 从 1.40 到 1.44 范围内拥有奇异的光学特性，损耗曲线的正向、负向的突然移动会在很大程度上增加检测灵敏度。接下来，本部分将在 n_a 从 1.40 到 1.44 的范围内，以折射率间隔 0.005 RIU 的变化量对损耗谱进行细化研究。

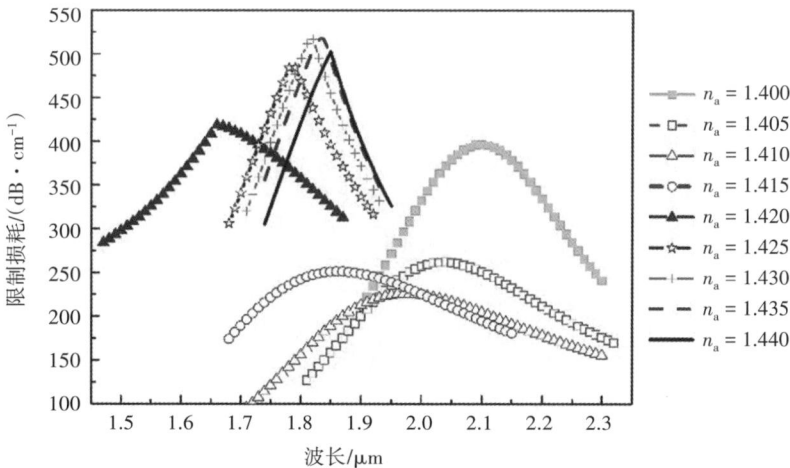

图 5.9　当 n_a 以 0.005 RIU 间隔从 1.40 增加到 1.44 时损耗共振峰随波长的变化曲线

在图 5.9 中，当 n_a 从 1.400 增加到 1.420 时，损耗谱线发生蓝移；当 n_a 从 1.420 增加到 1.440 时，损耗谱线发生红移。此时，从波长移动方面考察的光纤的折射率灵敏度（即波长灵敏度）$S_W(\lambda)$ 可由下式得到[140]：

$$S_W(\lambda) = \frac{\mathrm{d}\lambda_{\mathrm{peak}}}{\mathrm{d}n_{\mathrm{a}}} \qquad (5.3)$$

式中，$\mathrm{d}n_{\mathrm{a}}$——折射率的变化量；

$\mathrm{d}\lambda_{\mathrm{peak}}$——$\mathrm{d}n_{\mathrm{a}}$ 对应的损耗峰的移动量；

$S_W(\lambda)$ 的单位为 nm/RIU。

图 5.10 中分别给出了不同 n_{a} 下求得的波长灵敏度的值。实线对应的折射率变化幅度为 0.02 RIU，虚线对应的折射率变化幅度为 0.005 RIU。从图中可明显得出，本部分所设计的微结构光纤，由于具有共振波长反向移动的特点，能够达到超高的正灵敏度和超高的负灵敏度分别为 25800 nm/RIU 和 −40400 nm/RIU。这是目前所报道的基于侧抛型光纤传感器方面的最优灵敏度。然而，由于共振波长的反向移动，会出现在相同波长灵敏度下对应两种不同折射率 n_{a} 的情况，这严重损害了传感器的探测精确度，所以仅从共振波长改变量这一个方面来考虑器件的传感特性还远远不够，需要寻求新的参考标准。

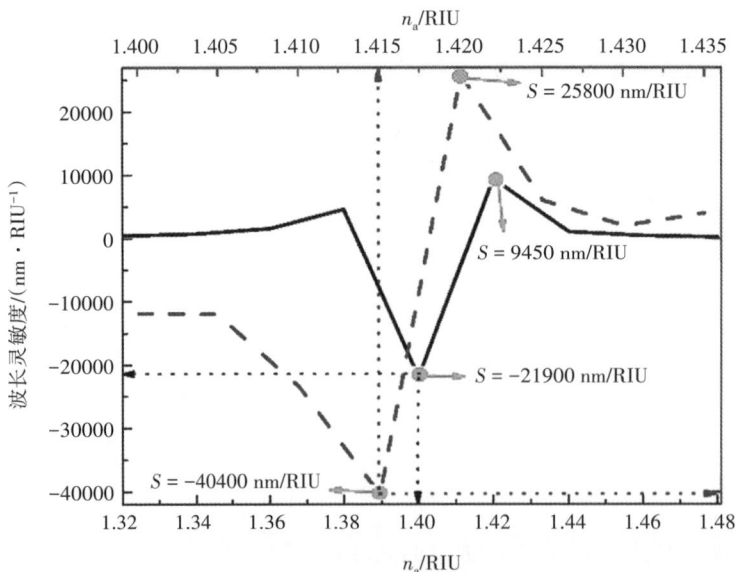

图 5.10　波长灵敏度随 n_{a} 的变化情况

5.2.4　波长灵敏度和幅度灵敏度双向调制的折射率传感器

根据图 5.10 中出现的弊端，本章继续讨论了分析物折射率对损耗峰最大共振幅度的影响情况，以实现对传感器性能的综合评估，来同时衡量传感器的性能，每一个折射率 n_a 下对应的共振峰最大限制损耗的幅度如图 5.11 中所示，对应图中的左侧坐标轴；此外，本部分还给出了相应的共振点波长，对应右侧坐标轴。如图中水平直线所示，同一共振波长对应两点 a_1 和点 a_2，这两点在坐标轴横轴分别对应两个折射率 n_a = 1.390 和 n_a = 1.403，因此，对于本部分所设计的微结构光纤折射率传感器，单纯地追踪共振峰的波长变化并不能准确检测物质。但是，若把附加因素——共振峰的最大限制损耗幅度同时考虑进来，问题就可迎刃而解。正如图中的 4 条虚线所示，n_a = 1.390 时，对应共振强度为 418 dB/cm；而 n_a = 1.403 时，对应共振强度为 307 dB/cm，此时，分析物可被准确地检测出来。

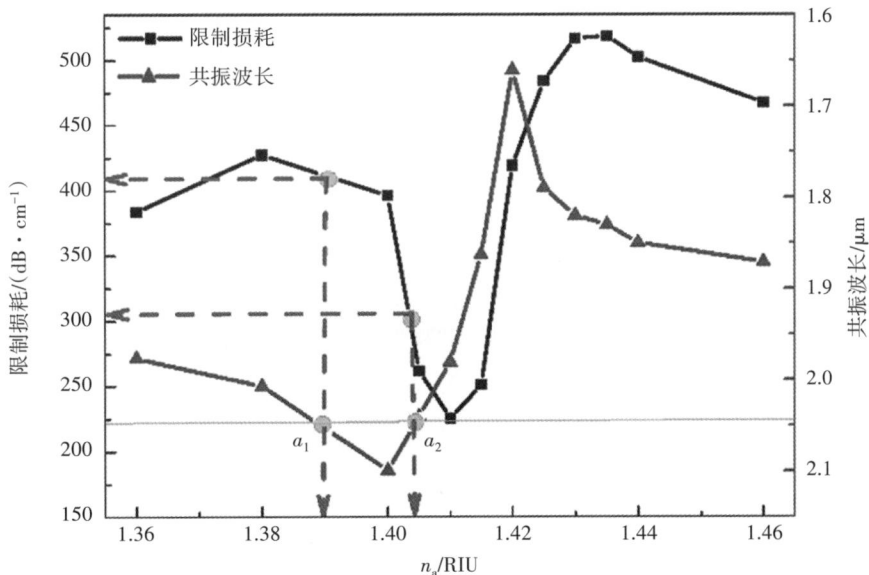

图 5.11　不同 n_a 下的共振峰最大限制损耗和对应的共振波长

基于以上研究，衍生出另一个衡量光学器件传感性能的物理参量——幅度灵敏度 $S_A(\lambda)$，表达式如式（5.4）所示[141]：

$$S_A(\lambda) = -\frac{1}{\alpha(\lambda, n_a)} \frac{\partial \alpha(\lambda, n_a)}{\partial n_a} \tag{5.4}$$

式中，$\alpha(\lambda, n_a)$——在共振波长点 λ、折射率为 n_a 时对应的共振峰的最大共振幅度；

$\partial \alpha(\lambda, n_a)/\partial n_a$——共振幅度的变化量 $\Delta\alpha(\lambda, n_a)$ 与对应的折射率变化量 Δn_a 的比值；

$S_A(\lambda)$ 的单位为 RIU^{-1}。

幅度灵敏度 $S_A(\lambda)$ 的计算结果如图 5.12 所示。图 5.12（a）中描绘了当 n_a 从 1.32 增加到 1.48、n_a 变化幅度为 0.02 RIU 时，对应的幅度灵敏度随波长的变化曲线。带三角形符号的曲线对应图中左侧坐标轴，其他曲线（虚线框中）对应右侧坐标轴。图 5.12（b）中给出的是当 n_a 从 1.400 增加到 1.440，n_a 变化幅度为 0.005 RIU 时，$S_A(\lambda)$ 的变化曲线。图 5.12（b）中带三角形符号的曲线对应图中左侧坐标轴，其他曲线（虚线框中）对应右侧坐标轴。与波长灵敏度情况类似，由于共振点的大幅度反向移动，本部分也能得到超高的、取值为 -1246.47 RIU^{-1} 的负的幅度灵敏度和 1095.19 RIU^{-1} 的正的幅度灵敏度。

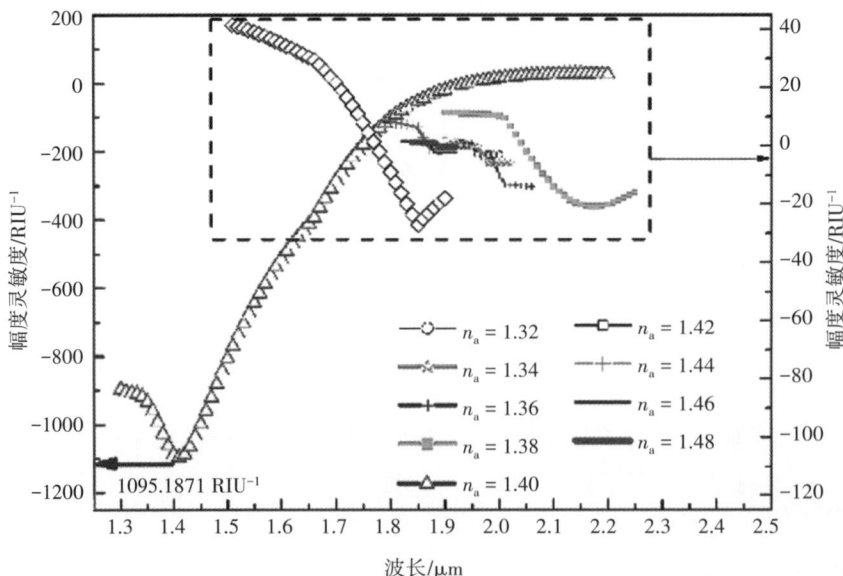

（a）以 0.02 RIU 间隔

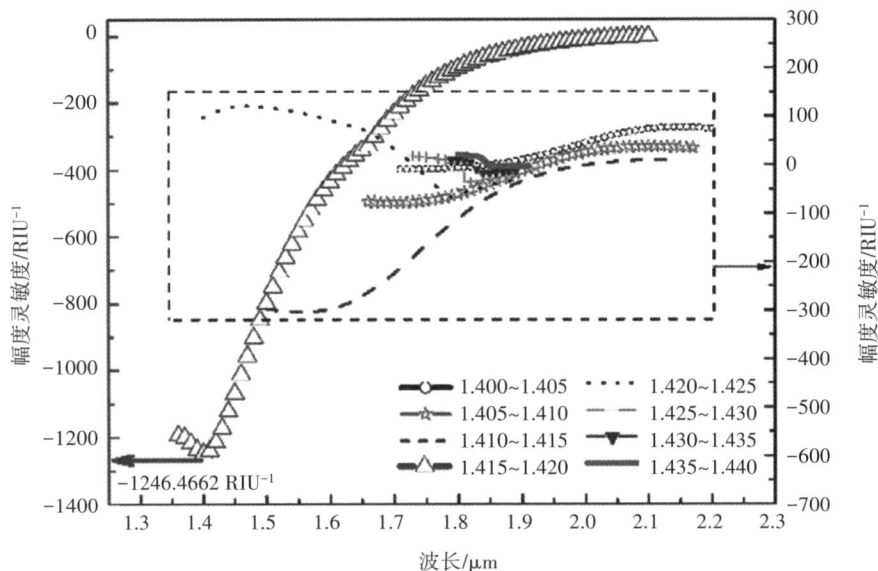

（b）以 0.005 RIU 间隔

图 5.12　当 n_a 以 0.02 RIU 间隔从 1.32 增加到 1.50 和以 0.005 RIU 间隔从 1.40 增加到 1.44 时分别对应的幅度灵敏度随波长的变化曲线

　　金属层的厚度直接影响着表面等离子体共振效应的强度，所以灵敏度一定会受到扰动。结合波长灵敏度和幅度灵敏度双重评判机制，本节继续讨论了几何参数——金属涂覆层的厚度 t_g 对传感性能的影响。图 5.13（a）和（b）中分别给出了不同 t_g 下对应的 $S_W(\lambda)$ 和 $S_A(\lambda)$ 的取值。因为该传感器具有共振波长反向移动的奇异特性，本节只考虑 n_a 以间隔 0.005 RIU 从 1.415 增加到 1.420 的这个过程，即对应的灵敏度最高的情况。从图中可以得出，随着金膜厚度 t_g 从 30 nm 增加到 70 nm，波长灵敏度 $S_W(\lambda)$［图 5.13（a）］先增加到最大的"负值"后又逐渐降低至达到最大的"正值"，接着又逐渐降低到比较小的值并保持稳定的状态。对于幅度灵敏度 $S_A(\lambda)$［图 5.13（b）］，它的变化规律是：先增加到最大值之后又逐渐降低到很小。当 $t_g = 40$ nm 时，对应的波长灵敏度和幅度灵敏度都满足最大情况，分别为-40400 nm/RIU 和-1246.47 RIU^{-1}，此时，侧抛型光纤传感器的性能是最优化的。

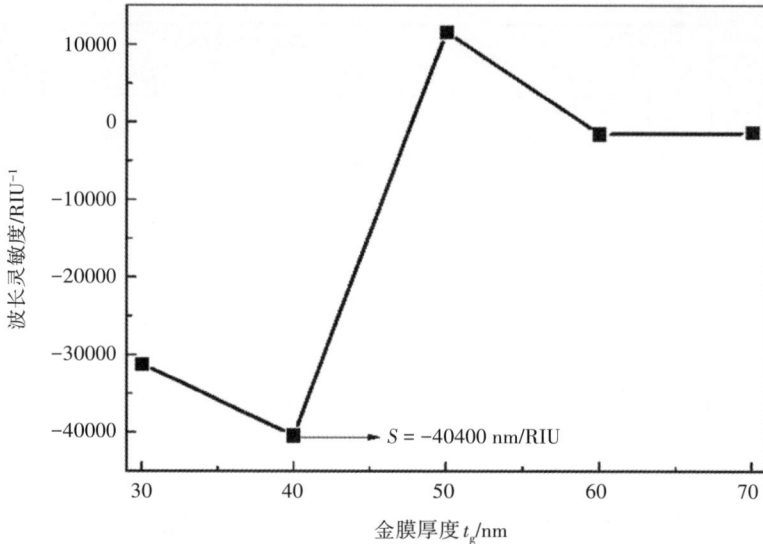

（a）波长灵敏度

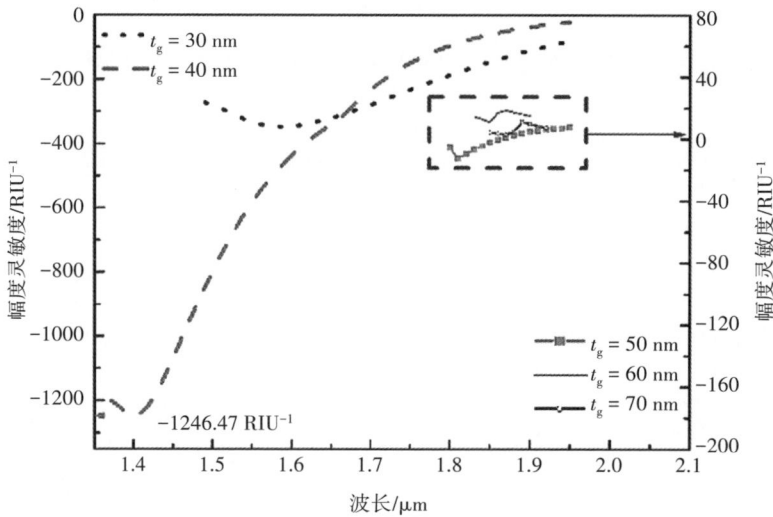

（b）幅度灵敏度

图 5.13 金层厚度 t_g 从 30 nm 增加到 70 nm 时波长灵敏度和幅度灵敏度的变化曲线

上述的研究结果证明，本节所设计的侧抛型微结构光纤在折射率传感检测方面具有超高灵敏度的优势，可用于快速、高灵敏度的检测，尤其可应用到生物化学试剂的检测方面。通过对传感器件的性能进行系统完善的模拟仿真，能够为实际的应用研究提供扎实的理论基础，有利于早日实现理论与实验的验证与契合。同时，丰富和强化了全光纤传感平台中的基础元件。

▶▶ 5.3　本章小结

本章首先在第 4 章已研究的、具有良好偏振特性的、丙三醇填充的微结构光纤基础上深入分析了它的温度灵敏特性。利用耦合共振效应所产生的两个共振峰分别受温度和几何参数的不同调控，首次提出了用同一根光纤实现偏振特性和传感特性兼容的概念。在 x 和 y 偏振方向的温度灵敏度分别为−2.50 nm/℃和−2.00 nm/℃，最大的品质因数 FOM 分别能达到 0.20435 ℃$^{-1}$ 和 0.07704 ℃$^{-1}$。然后，设计了一种基于侧抛型金膜涂覆简易型微结构光纤的超高灵敏度折射率传感器，分析了结构参数对传感器性能的影响，发现了共振波长的反常移动以及正、负灵敏度共同存在的现象；开发了一种从波长灵敏度和幅度灵敏度两个角度来同时评估传感器性能的物理机制，极大地提高了测量灵敏度和精确度；得到了最大的正波长灵敏度为 25800 nm/RIU，最大的正幅度灵敏度为 1095.19 RIU^{-1}；最大的负波长灵敏度和负幅度灵敏度分别为−40400 nm/RIU 和−1246.47 RIU^{-1}。研究结果充分体现了这种具有高灵敏度、高紧凑性和高可重复性等优良特性的微结构光纤在生化反应、大气监测、食品质检和实地勘测等方面潜在的应用价值。

第6章 基于拉曼散射效应的完全填充型负曲率反谐振微结构光纤的传感特性研究

本章阐述的内容主要是基于著者在澳大利亚阿德莱德大学交流访问期间所做的研究工作，亦是对第5章所研究的光学传感器的进一步补充和验证。基本光学元件是空芯反谐振反射型微结构光纤，研究目标是依据每种物质特有的拉曼散射效应来制备基于完全填充型微结构光纤的特异性高灵敏度传感器，以期实现对分析物的特异性监测、分析和识别。与折射率传感器相比，基于拉曼散射光谱的传感器件可以直接获取分析物的组成成分和浓度信息，有利于实现特异性分析和无损检测，满足生物医学和环境监测领域的需求。

关于拉曼散射效应的研究已经有了几十年的历程，广泛涉及传感、通信、食品和医疗检测等领域，同时形成了一系列完善且成熟的理论体系。本书在第2章中曾介绍，拉曼光谱可被认为是分子的"指纹"光谱。因此，利用拉曼散射光谱的强度与温度、浓度等变量间的线性依赖关系可以实现对温度和浓度等的实时探测；利用每种物质固有的拉曼光谱峰还可以实现对分析物的特异性识别。

拉曼散射光谱的激发方式主要有两种：一种是受激拉曼散射；一种是自发辐射拉曼散射。受激拉曼散射可以获得较高的散射强度且常应用于高功率激光光源的产生和制造方面。然而，基于受激拉曼散射的研究严格要求高精密激光器等光学器件，实验耗费的难度比较大。而通过自发散射方式获得的拉曼光谱对泵源的要求不高，容易实现。但利用该方法所产生的拉曼信号较弱，因此需要通过合适的方式来增强拉曼散射效应。第2章提到过，研究学者主要从SERS和FERS两个角度来实现对拉曼光谱强度的增加。本章的研究内容是以FERS增强方式为基础的。

目前在 FERS 技术中常用的空芯光纤主要包括两类：传统空芯光纤和光子带隙型微结构光纤（PBGF 型和 Kagome 型）。一方面，基于传统的空芯光纤实现拉曼增强的核心步骤是在空芯玻璃管的内壁涂覆一层金属膜（一般为银膜），把空心区域作为物质的检测通道。镀膜的目的并不是激发表面等离子体共振效应，而是利用金属的平滑表面使得沿各个方向的散射信号都能被反射回纤芯内，以达到收集效率成倍增加的效果。南京大学的 Cai 等人通过把这种内表面镀膜的空芯光纤拓展连接到传统拉曼探头的尾端，能够检测出浓度低至 5% 的酒精溶液，比传统探头的探测极限提升了 2 倍[142]。但采用该方法的不足之处是：对玻璃管内壁进行金属镀膜的工艺仍存在较大难度；只适用于折射率比波导基底材料高的少数分析物；而且，空芯玻璃管的大尺寸芯对分析物的体积需求量很高，尤其不利于稀缺昂贵的物质的检测。另一方面，基于光子带隙型微结构光纤拉曼增强平台的主要机制是通过把待测分析物填充到微结构光纤的包层空气孔中进行检测。此时，光与物质间的相互作用增强，而且极大限度地减小了对待测分析物的需求量，其中，较为广泛应用的当属具有较宽低损耗传输带的圆内螺旋线芯 Kagome 型微结构光纤了。

在利用带隙型微结构光纤和拉曼散射光谱对待测分析物进行定性或定量分析时，一般通过对光纤的选择性填充和非选择性填充两种方式来实现。选择性填充是指先用适当方式将包层中的部分空气孔进行封堵，只留下需要填充待测分析物的中间大空气芯，封堵后，利用毛细作用力将分析物填充到空芯中，以形成液态芯；非选择性填充则是指把微结构光纤的所有空气孔全部填充。2008年，Meneghini 等人通过把酒精和果糖混合溶液选择性地填充到微结构光纤的中心大空气孔中，获取了酒精和果糖的探测极限（指可探测浓度的最低值）分别为 4.1 g/L 和 20 g/L 的可观成果，所采用的实验光路如图 6.1 所示[143]。2012年，Yang 等人利用毛细作用力将葡萄糖溶液完全填充进微结构光纤中，在 Desktop 操作平台的辅助下首次实现了对临床浓度级别的葡萄糖溶液的检测（0.18 ~ 4.5 g/L），而且只需要 2 mW 的激光功率[144]。2019 年，Azkune 等人利用液态芯聚合物微结构光纤得到了葡萄糖溶液的灵敏度阈值为 0.9 g/L，在临床检测方面具有潜在的价值[145]。这些研究使得基于空芯光子带隙型微结构光纤的拉曼光谱传感技术迈入了一个新的征程，也为生物医学诊断和食品安全检测等领域开辟了崭新的局面。但由于对微结构光纤的选择性填充不易实现，且结构复杂难于拉制等方面的不足，科研工作者仍不断开拓创新，亟待寻求一种结构更简单、低损耗传输带更宽、性能更优良的空芯光波导。

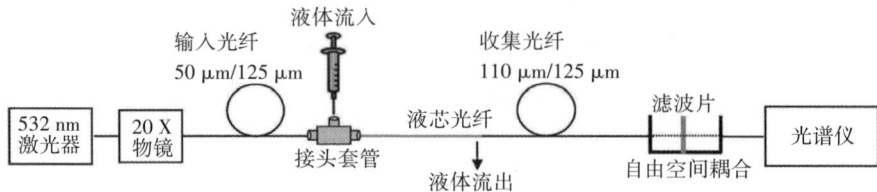

图 6.1　利用液态芯型微结构光纤检测酒精和果糖的实验光路[143]

本章主要围绕 FERS 增强技术进行拉曼传感检测及探测极限的优化研究。利用 Comsol 理论仿真了实验室现有的一种新型的、性能优良的负曲率反谐振型微结构光纤的光学传输特性。这类光纤结构更简单，传输损耗更低，传输带宽更宽，性能更突出，在通信、传感、非线性光学等方面都具有无穷的潜力。然后在实验上设计了一种可向光纤中非选择性填充液体的微流腔结构，并结合微流腔搭建了实验平台，通过检测分析物在泵浦光源的作用下产生的拉曼散射光谱，分别对几种常见物质进行了定性和定量的传感测量，有望推动负曲率微结构光纤在拉曼传感器件的制备方面取得新进展。

▶▶ 6.1　单包层负曲率反谐振空芯微结构光纤的仿真模拟

6.1.1　几何结构参数

本章所研究的光纤由北京工业大学提供[146]。在 50 倍显微镜下观察到的光纤成品示意图如图 6.2(a) 所示，这是一种单包层负曲率反谐振空芯微结构光纤（negative curvature hollow core microstructured optical fiber，NCF）。该 NCF 的最外层包层直径为 125 μm，和大多数标准光纤（如康宁公司生产的单模光纤）的尺寸相同。这个尺寸与实际更贴近并且有利于后续的实验操作和耦合效率的提高。NCF 中空纤芯的内切圆尺寸 d_1 约为 32 μm，单一环包层由互不接触的 6 个尺寸 $d_2 = 20$ μm 的空心石英管构成，石英管壁的厚度 $t = 250$ nm。该光纤结构中除了 6 个互不接触的石英管壁外，其余均为空气。

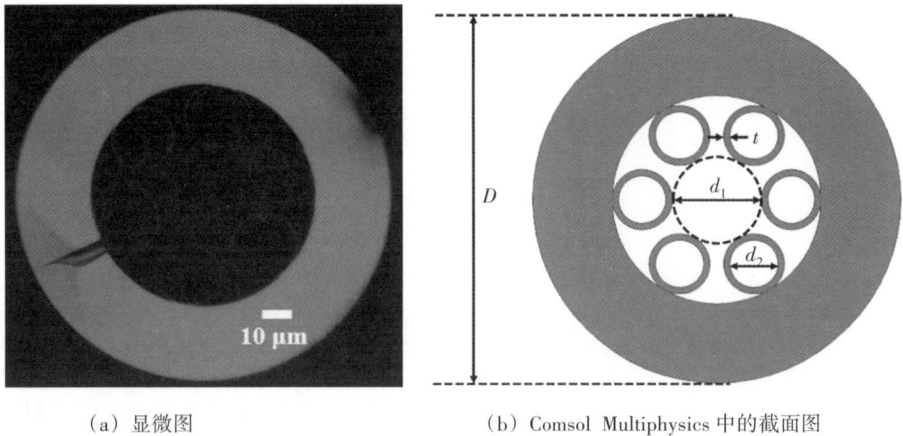

<table>
<tr><td>（a）显微图</td><td>（b）Comsol Multiphysics 中的截面图</td></tr>
</table>

图 6.2　空芯微结构光纤在显微镜下[146]和 Comsol Multiphysics 中的 NCF 截面图

6.1.2　理论仿真结果分析

首先，本节利用有限元法在 Comsol Multiphysics 和 MATLAB 软件下仿真模拟了该新型 NCF 的基本光学特性及其在填充液体前后传输光谱的变化情况，在 Comsol Multiphysics 中用到的几何示意图如图 6.2(b) 所示。第 2 章中提到，这类负曲率空芯光纤是利用反谐振反射型微结构光纤原理把光限制在折射率比包层小的纤芯中的，所以只要待测液体的折射率比石英的折射率小，对 NCF 的非选择性完全填充都能始终保证光维持在纤芯中传输。

6.1.2.1　填充不同折射率液体对损耗特性的影响

本部分分别计算了当光纤无任何填充（即空气）和非选择性地填充三种不同折射率的液体前后，其纤芯的限制损耗曲线的变化，仿真结果如图 6.3 所示。空气的折射率 n_{air} 为 1，填充的三种不同液体分析物的折射率 n_a 分别为 1.305，1.333 和 1.350。

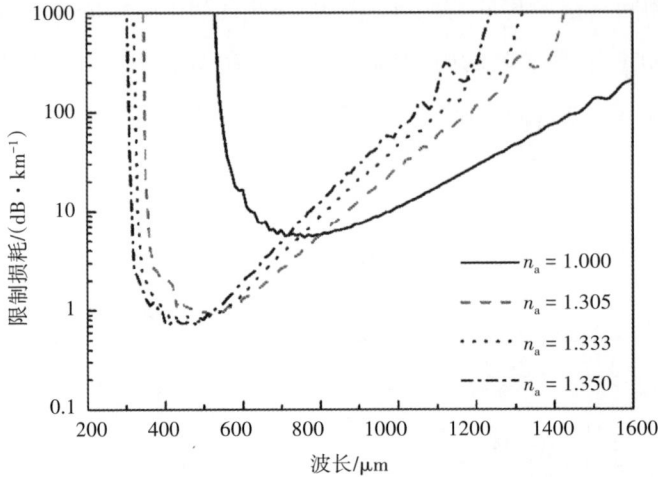

图 6.3 负曲率反谐振空芯微结构光纤的限制损耗随波长的变化曲线

通过观察图中的曲线可知，这种光纤的损耗很低，在 700 nm 波长附近甚至低于 10 dB/km，比 Kagome 型的损耗量级要低。而且这种光纤的低损耗传输带比传统的光子带隙型微结构光纤要宽很多，可覆盖从可见光到近红外波长的范围。随着 n_a 的增加，传输光谱整体向短波长方向移动，即低损耗的截止波长在更短的波长处，传输带宽也随之展宽。损耗曲线随填充液体折射率 n_a 的这一变化规律可由反谐振公式得到[90]：

$$\frac{2t\sqrt{n_{silica}^2 - n_a^2}}{\lambda} = (m + 0.5), \quad m = 0, 1, 2, 3, \cdots \quad (6.1)$$

式中，　　　t——石英管的壁厚；

n_{silica}^2，n_a^2——石英和填充物的有效折射率。

　　　　　　λ——反谐振波长。

当满足这一公式时可发生反谐振效应，此时，光纤处于低损耗传输状态。

从式（6.1）可发现，光纤中所填充的液体折射率的增加会导致反谐振波长的减小，即会向短波长方向移动，因此低损耗截止波长也会向短波长方向移动。这与图 6.3 中损耗曲线的变化规律是一致的。根据频率与波长的倒数关系能得到，填充液体时的 NCF 对应的低损耗频率范围也很宽，几乎能覆盖所有样品的光谱信息（10~4000 cm⁻¹），凸显了利用该光纤并结合拉曼散射光谱效应在生物、食品、药品检测方面潜在的价值。

6.1.2.2　填充不同折射率液体对模式有效面积的影响

为了观察光场在光纤截面处的限制情况，本部分还计算了纤芯基模在填充不同折射率分析物情况下的有效模场面积 A_{eff} 随波长的变化关系。A_{eff} 可按照式（1.5）来求解，公式中的积分是对光纤的整个截面而言的，结果如图 6.4 所示。当空气孔中所填充液体的折射率 n_a 从 1.0 增加到 1.34 时，A_{eff} 曲线呈轻微下降趋势，这表明，填充液体后的 NCF 仍然能够很好地把光限制在纤芯区域，这一点在后续的近场成像检测环节会得到进一步的证实。同时，由于非线性与有效模场面积间的反比例关系，随着 n_a 的增加，光纤的非线性系数呈增长趋势，这也为此类 NCF 在高非线性飞秒激光脉冲的产生以及光损伤阈值的提升等方面的应用奠定了基础。

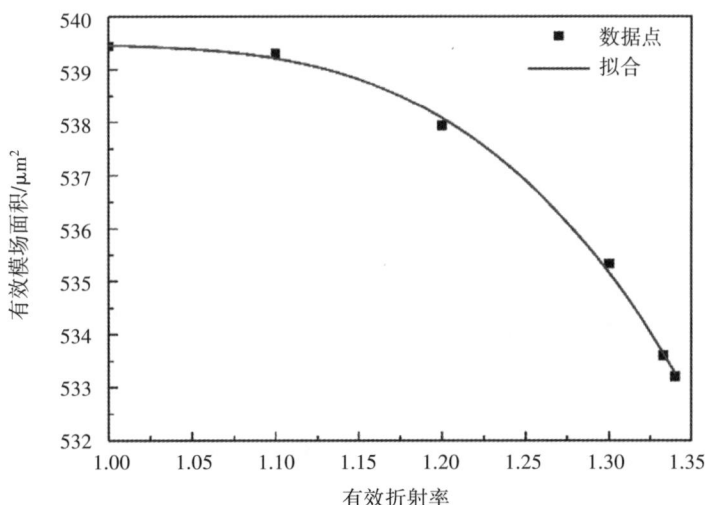

图 6.4　NCF 的基模有效模场面积与填充液体折射率间的依赖关系

6.1.3　拉曼散射信号强度的理论预测

通过对模拟仿真的结果进行分析，揭示了 NCF 在光谱技术检测领域所展现的巨大优势。本章研究内容的初衷和目的是利用这种负曲率反谐振微结构光纤制备紧凑型、可持式、高灵敏度拉曼检测系统，并结合分析物分子特有的"指纹"光谱来实现特异性检测。

当一定功率的光与分析物相互作用时，分析物中的分子吸收能量后，会激发其内部的原子或原子团发生振动，从而产生拉曼散射信号。为了增加拉曼散射信号的强度，以提高检测灵敏度，实验平台的搭建应满足尽可能多地收集拉曼散射信号的要求。所以，待检测物质的拉曼信号从产生到接收的各个环节都需要谨慎考量和合理规划。拉曼信号是向各个方向散射的，包含能量最多的两个方向为前向散射和后向散射。如果在实验操作之前能粗略地获悉不同散射方向对应的信号强度，就能实现利用最优的散射收集机制和路径来搭建实验光路，以增加拉曼散射信号强度，同时也能减少实验操作环节不必要的精力耗费，为实用化研究提供有利的参考。因此，初步讨论后得到拉曼信号在分别通过前向散射和后向散射两种几何方式被收集后的信号强度与光纤长度间的依赖关系。图 6.5 中分别给出了利用前向散射和后向散射收集方法的光路图。

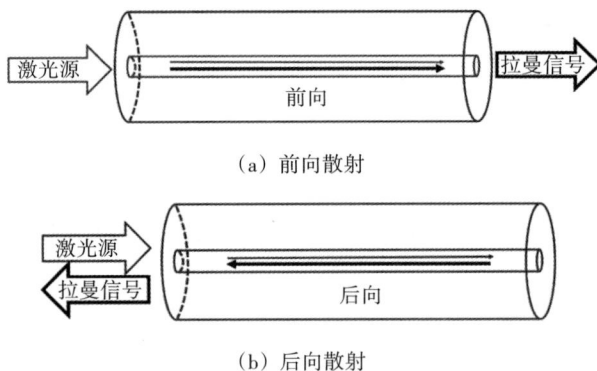

（a）前向散射

（b）后向散射

图 6.5 拉曼信号收集方式框图

采用 Altkorn 等人报道的数值方法来模拟相应的拉曼信号强度，那么，产生的拉曼功率 P_R 的大小可由式（6.2）给出[147]：

$$P_R = \frac{P_L s \pi (n_{co}^2 - n_{cl}^2)}{n_{co}^2} z_e \tag{6.2}$$

式中，P_L——泵浦激光的入射功率；

s——拉曼散射系数，它与分析物的有效截面积有关；

z_e——光纤的有效长度，它的表达式可表示为

$$z_e = \int_{z=0}^{z=z_p} T_L(z) \cdot T_R(z) \, \mathrm{d}z \qquad (6.3)$$

式中，$T_L(z)$，$T_R(z)$——泵浦激光和拉曼辐射的传输特性，与衰减常数紧密相

关，所以它们的取值要根据光纤的实际情况来确定；

z_p——光纤的实际长度。

显而易见，无论对于何种几何收集机制，P_R 都与 z_e 成正比，即 P_R 的相对强度可以直接由 z_e 来得到。因此，在相同的实验环境下，要想比较两种几何机制的收集效率，可简单地比较两种情况所对应的 z_e 即可。因此，设法得到有效的 z_e 是关键。分别用 α_L 和 α_R 来表示泵浦激光和拉曼辐射信号在光纤中传输的衰减系数，这里，光纤自身在相应波长处的的限制损耗以及待测液体样品的吸收系数也都一并涵盖在内。那么，式（6.3）可进一步表示为

$$z_e = \frac{\mathrm{e}^{-\alpha_L z_p} - \mathrm{e}^{-\alpha_R z_p}}{\alpha_R - \alpha_L} \qquad \text{前向散射} \qquad (6.4)$$

$$z_e = \frac{1 - \mathrm{e}^{-(\alpha_L + \alpha_R)z_p}}{\alpha_L + \alpha_R} \qquad \text{后向散射} \qquad (6.5)$$

因此，可分别根据这两个公式来求解两种几何机制可收集信号的相对强度。

考虑到酒精溶液的浓度在微生物发酵和葡萄酒酿制工艺中所占的重要比重，本部分将不同浓度的酒精溶液作为分析物进行研究，以期最大限度地提高溶液的检测极限，使其广泛应用于低浓度传感探测方面。那么，结合所选用的 NCF 结构和实验预期，式（6.4）和式（6.5）各参数的取值分别为：泵浦激光波长 785 nm；至少需覆盖的拉曼频带范围为 0 ~ 2020 cm⁻¹（对应波长范围为 785 ~ 933 nm），即可认为拉曼波长为 933 nm；由图 6.2 可知，填充酒精溶液后的 NCF 在 785 nm 和 933 nm 处限制损耗的仿真结果分别为 0.0077 dB/m 和

0.027 dB/m；考虑到研究目标是实现低浓度溶液检测，所以，可以近似认为低浓度分析物在激发波长和拉曼波长处的吸收损耗与溶剂（水）的相同，通过查阅参考文献分别为 2.5 dB/m 和 4.5 dB/m[148]。前向散射收集的基本思路［图 6.5 （a）］是在光纤一端入射泵浦激光，然后从光纤的另一端收集散射信号，此时，散射信号的传输路径等于光纤长度；后向散射收集的框图［图 6.5(b)］中泵浦激光和散射信号作用在光纤的同一端，即入射端，此时，由激光泵浦产生的拉曼信号可及时地被反向收集，无须经过整根光纤。

综合以上参数，图 6.6 中比较了利用前向散射和后向散射方式的收集效率（即 z_e）随实际传输长度（即 z_p）变化的归一化曲线。从图中能够得到，当 NCF 的长度小于 30 cm 时，前向散射强度先随着长度的增加大幅度地增加到某一饱和值后，又随着光纤长度的增加逐渐降低至微弱状态。这是因为：前向散射的信号传输路径是沿着光纤的径向长度的，在收集前期，随着光与分析物物质相互作用的增强，散射信号呈线性增加。但当光纤长度大于某一值，使得信号的传输损耗过大时，就会在收集端宏观表现为散射信号的衰减；对于后向散射而言，由于与前向散射收集方式传输路径的根本性差异，信号强度随着光纤长度的增加而先呈线性增加，然后逐渐达到一种饱和状态，并一直保持稳定的信号输出。而且，后向方式收集的信号强度要比前向方式高出 30%。同时，考虑到前向散射方法容易

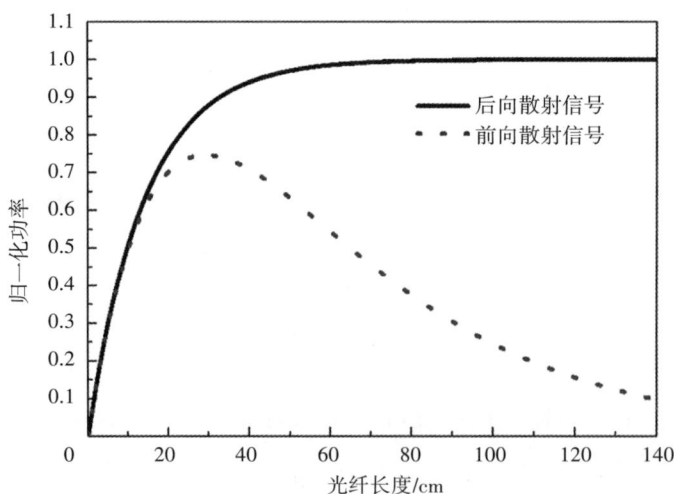

图 6.6　相对拉曼强度和光纤长度的依赖关系

受到激光光源和瑞利散射信号等的干扰作用，后向散射几何收集方式的应用更广泛，因而，本章在后续的实验验证中采用后向散射几何来搭建光路。

▶▶ 6.2　基于拉曼散射效应的传感实验研究

特异性拉曼光谱分析在生物医学、军事勘探、传感监测、化学反应以及食品安全方面具有十分广阔的应用前景及重要的研究意义。布拉氏酵母菌是为人类身体健康及动物安全饲养提供重要保障的一种单细胞真菌，不仅能促进肠胃吸收，还可增强机体免疫力。然而，布拉氏酵母菌自身生长繁殖的速度和产量会受到许多因素的干扰。研究发现，体积分数超过 0.35% 的酒精的酒精溶液不仅会对它的繁殖有抑制作用[149]，还会造成培养皿内营养物质的不必要消耗，造成产量的减少和成本的增加。因此，在微生物培养过程中对培养液进行有效的监测以达到对酒精溶液浓度的精准控制十分必要。利用酒精的特征拉曼谱就可以实现实时检测的目的。传统的拉曼探针体积大且检测浓度有限，并不利于长期稳定监测。本节在理论研究的基础上，采用 NCF 作为信号反应平台设计了一种基于拉曼光谱的传感检测系统，完成了对一系列低浓度酒精溶液拉曼光谱的测量，有望实现在葡萄酒发酵工艺和微生物发酵过程。（尤其在布拉氏酵母菌的繁殖过程）中对产物及其他营养物质的实时监测。

6.2.1　泵浦光源的选择

泵浦光源的选择也是拉曼信号能否产生以及信号强弱的决定性因素之一。大量的研究发现，拉曼信号的强度与泵浦波长的 4 次方（λ^4）成反比，即泵浦激光的波长越短，激发的拉曼信号越强。本部分分别比较了在拉曼检测中的两种常用激光波长 532 nm 和 785 nm 入射到光纤后从尾端观察到的近场图，光纤在两种波长下、在注入液态水前后的模场图分别如图 6.7(a) 至 (d) 所示。对于 532 nm 激光泵浦，当光纤未填充时［图 6.7(a)］，入射进光纤中的光只有一小部分能限制在纤芯中传输，其余基本都泄漏到包层中。但当向 NCF 中非选择性地填充纯水（$n_a = 1.333$）后，电场分布发生了明显的变化，绝大多数的光可以限制在纤芯中［图 6.7(b)］。回顾图 6.3 中的仿真结果得到，光纤内填充 n_a 为 1.333 液体时的低损耗带宽相比于 $n_a = 1.0$ 时有所增加且截止波长向短波长方向移动。模场分布图进一步体现了理论与实验的完美契合。对于 785 nm 泵浦激光，无论是填充前还是填充后的电场图［图 6.7(c)和图 6.7(d)］，光都能很好地限制在纤芯中，且呈单模传输。甚至在填充水后的有效模场面积比非填充时有减小趋势，说明纤芯的限制作用更强了，这一特点与图 6.4 中的模拟结果完全符合。

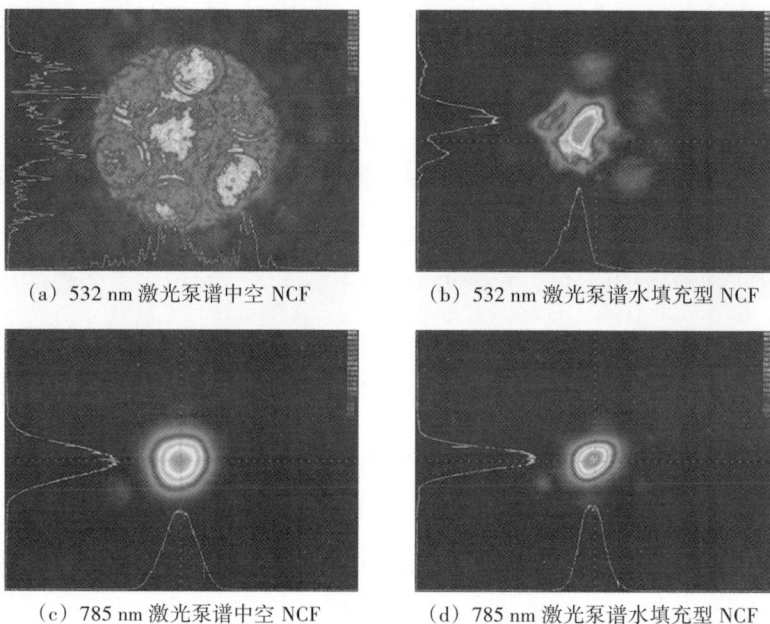

(a) 532 nm 激光泵谱中空 NCF　　(b) 532 nm 激光泵谱水填充型 NCF

(c) 785 nm 激光泵谱中空 NCF　　(d) 785 nm 激光泵谱水填充型 NCF

图 6.7　NCF 模式近场成像图

此外，值得注意的是，图 6.3 中的仿真结果表明，在填充 $n_a = 1.333$ 的液体后，光纤在 532 nm 处的损耗低于在 785 nm 处的，也就是说，用 532 nm 泵浦填充型光纤时，纤芯对光的限制能力要比用 785 nm 泵浦时的更强，但对比图 6.7(b) 和图 6.7(d) 中纤芯包层处的场分布会发现，二者是完全相反的。出现这种现象的原因有两个：一是实际拉制的光纤与仿真模拟结构的几何尺寸存在差异，导致误差；二是 532 nm 激光（绿光）本身的散射光更强，会对近场成像产生干扰，而且，波长越短，越容易产生荧光效应。图 6.8 中给出了在实验中测得的 532 nm 光源，该光源产生的是比较强烈、刺眼的绿光。所以，综合考量实验室现有的光学元件，本部分的传感测量实验选择 785 nm 的泵浦激光器比较适合。

图 6.8　实验中测到的 532 nm 激光

6.2.2　实验光路的搭建

拉曼检测系统的实验框图如图 6.9 所示。先将 NCF 和实芯光纤集成在一根管子中，形成微流腔结构，以实现液体的流入和流出以及信号的发射和收集。泵浦光源为 785 nm 的二极管激光器（785 nm laser），它发出的光先经过中心波长为 785 nm 的带通滤波器（785 nm bandpass filter），而后经 785 nm 双色镜（dichroic mirror，DM）反射到透镜中，然后耦合到 NCF 集成的微流腔中。785 nm DM 的工作原理是将 785 nm 波长处的光全部反射，同时大于 785 nm 的光被完全透射。当耦合进微流腔的光与待测分析物作用以后，采用后向散射方式收集所产生的拉曼信号，即后向散射信号经过透镜再次进入 DM，然后经过 785 nm 长通滤波器（785 nm longpass filter）滤掉残余信号后，再经由多模光纤（MMF）耦合进光谱仪（Spectrometer）中，最后可从光谱仪中得到相应的拉曼光谱，以备后续的分析。通过把微结构光纤封装在套管中形成新颖的微流腔来实现液体的流入和流出，且 NCF 与光源间功率的耦合效率高达 50%，远高于传统的熔接工艺。而且，分析物是完全填充进微结构光纤中的，任何气体或液体都可以采用仿真设计的 NCF 进行检测，可调性强、稳定性高、重复性好。

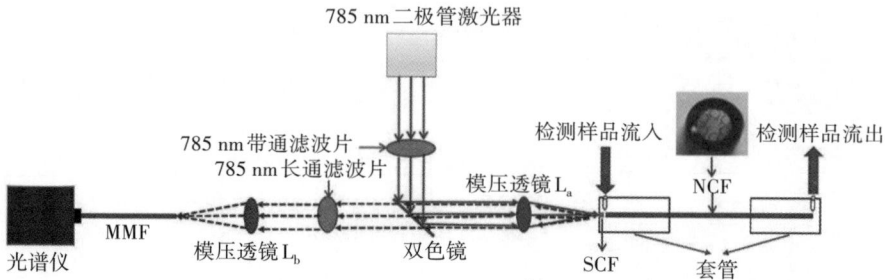

图 6.9 拉曼检测系统实验框图

事实上，光路的搭建以及信号的测量远没有表面上那么容易，实际的操作过程并非十分顺利。为了提高光源的耦合效率和拉曼信号的强度，还有许多细节需要优化，如收集路径的选择、光源的选择、微流腔的设计、实芯光纤产生的背景干扰的去除和耦合效率的提高等，这些都需要在不断的失败和尝试中总结经验，并逐步向实用化靠近。

▶▶ 6.3 几种分析物的定性和定量检测

为了证明本章所设计的实验框架以及拉曼探测系统的可行性，本节首先分别对空气、甲醇、乙醇、异丙醇及有机溶剂的等比例混合物的拉曼光谱进行了定性和定量分析检测，得到了一系列系统而综合的结果。

6.3.1 空气中 O_2 和 N_2 的检测

首先测量了没有任何液体填充的中空 NCF 的拉曼光谱曲线。相关的参数取值为：泵浦波长 785 nm，入射功率 125 mW，此时从 NCF 的输出端测得的功率为 64 mW，这进一步说明光源与光纤间的耦合效率高达 50%，积分时间 10 s，测量结果如图 6.10 所示。本部分测到了存在于微结构光纤里的微量空气中所含有的 O_2（1555 cm^{-1}）和 N_2（2331 cm^{-1}）的拉曼峰（1300 cm^{-1} 处的峰为光路系统中耦合透镜的固有拉曼）[150]，这一结果揭示了所设计的 NCF 探测系统具有定性测量气体拉曼的无穷潜力，可应用于大气污染物监测方面。此外，通过在实验中逐一排除光学元件并查实文献，拉曼谱线中位于 1300 cm^{-1} 处的峰来自光路系统中模压耦合透镜的固有拉曼，即源于透镜的组成材料 BK7[151]。由于实验室条件暂时有限，而且该拉曼峰的位置并不会对该研究的待检测样品产生干扰，所以在后面的测量中仍然采用此模压透镜，只需在光谱处理环节将其去除即可。

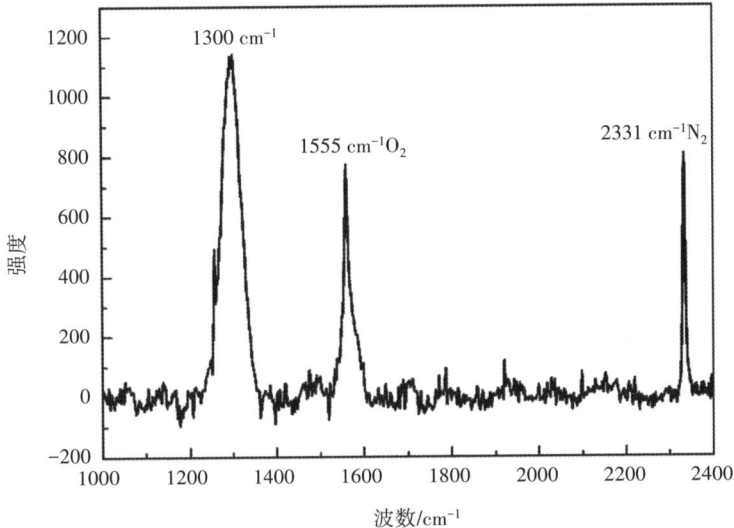

图 6.10 存在于 NCF 微结构孔中的空气的拉曼谱线（1555 cm^{-1} 对应 O_2 的特征峰，2331 cm^{-1} 对应 N_2 的特征峰[150]，1300 cm^{-1} 源自光传输路径中耦合透镜材料的拉曼[151]）

6.3.2 甲醇、乙醇、异丙醇三种有机溶剂的定性和定量检测

接下来，对甲醇、乙醇、异丙醇三种有机溶剂及其等比例混合物分别进行了定性和定量的分析 ［图 6.11(a)至(d)］。不同的有机物因为所含官能团的不同，分别具有不同的拉曼特征峰。图 6.11(a)至(c)分别给出了浓度 100% 纯甲醇、纯乙醇和纯异丙醇的拉曼特性曲线。利用拉曼探测系统，可以明显地得到甲醇在 1035，1110，1452 cm^{-1} 处，乙醇在 884，1055，1090，1280，

1452 cm⁻¹处，异丙醇在 819，952，1130，1163，1340，1452 cm⁻¹处的拉曼峰。此外，图 6.11(d)中还给出了在相同条件下测得的这三种有机溶剂按 1∶1∶1 等体积混合后的拉曼曲线，分别以甲醇的特殊峰 1035 cm⁻¹、乙醇的特殊峰 884 cm⁻¹ 和异丙醇的特殊峰 819 cm⁻¹ 为例，图中可以清晰地看出混合溶剂对应的拉曼强度是每一个纯溶剂强度的 1/3。该部分的测量同时在定性和定量方面印证了本节所提出的探测系统是十分有效的。

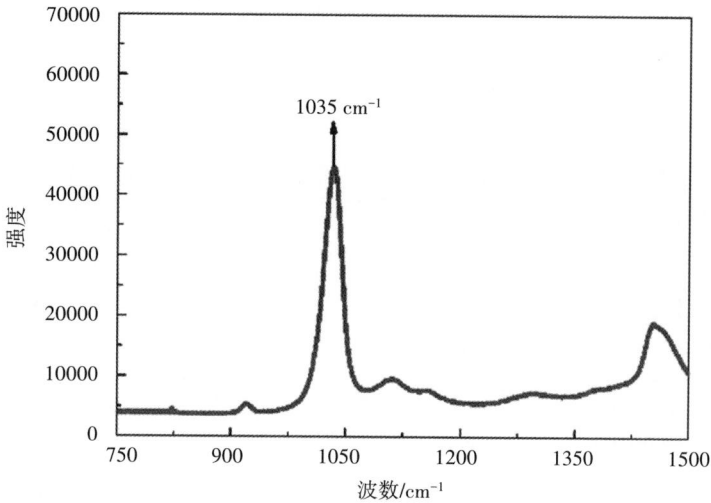

（a）纯甲醇

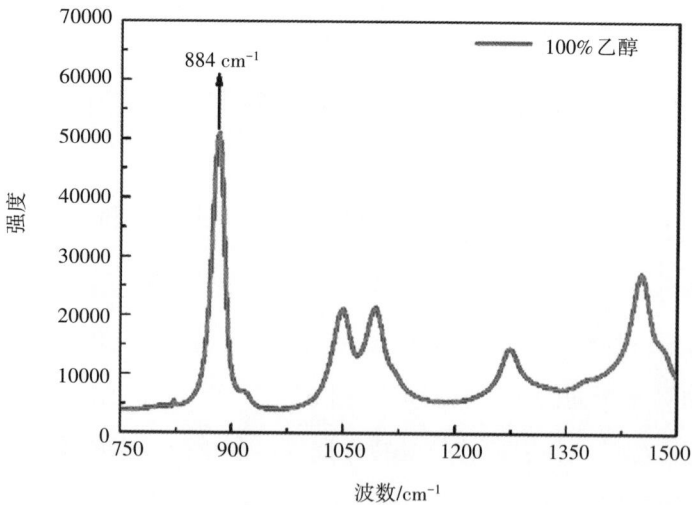

（b）纯乙醇

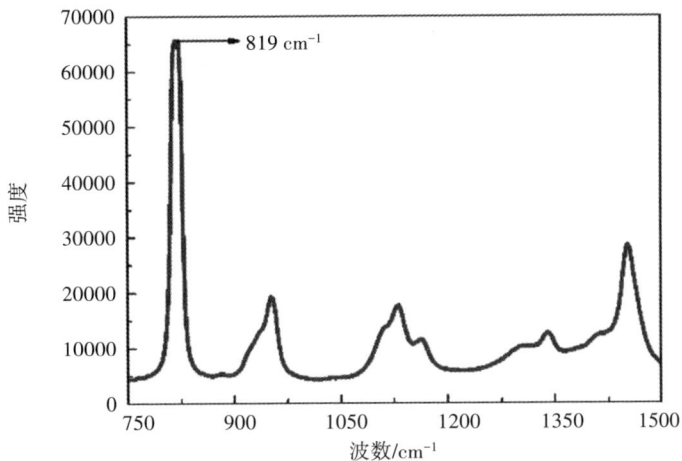

（c）纯异丙醇

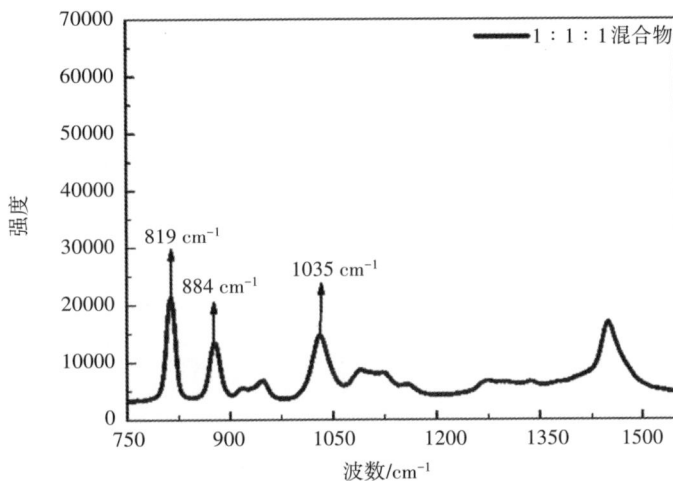

（d）1∶1∶1等体积混合物

图 6.11 利用 NCF 检测的不同有机物拉曼谱

6.3.3　酒精溶液浓度检测极限的测定

最后，以前面提到的布拉氏酵母菌繁殖过程中的酒精浓度监测为应用案例，探寻基于 NCF 的拉曼探测系统对酒精溶液的传感检测极限。研究结果表明，布拉氏酵母菌的繁殖速度和酒精的体积分数成反比，且当酒精体积分数超过 0.35％时，酵母菌的繁殖会受到抑制。实验中，一系列低浓度的酒精溶液样品按浓度由低到高的顺序被依次注入 NCF 中。在更换新浓度的溶液之前，为尽量清除前一次样品的残留，每一次都需要把微流腔用去离子水反复清洗干净。所有的数据都以纯水的拉曼为背景，一旦光纤充满待测液体，就可以停止注入，这样只需要 3.7 μL 的样品就足够了。这极大地减少了分析物的用量，在昂贵稀有物质检测方面有潜在的应用价值。

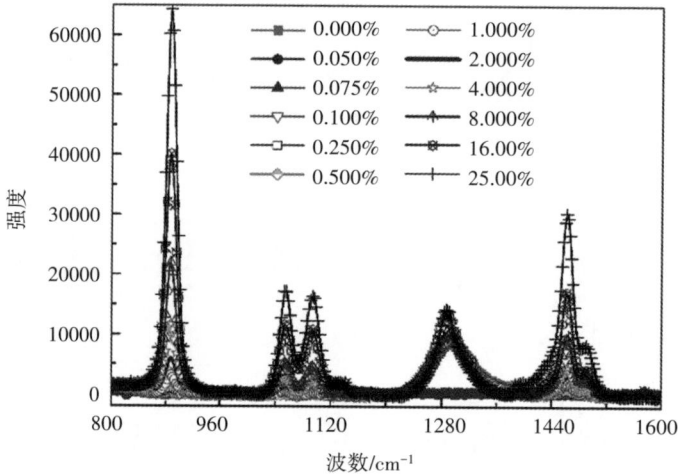

（a）体积分数从 0 到 25%

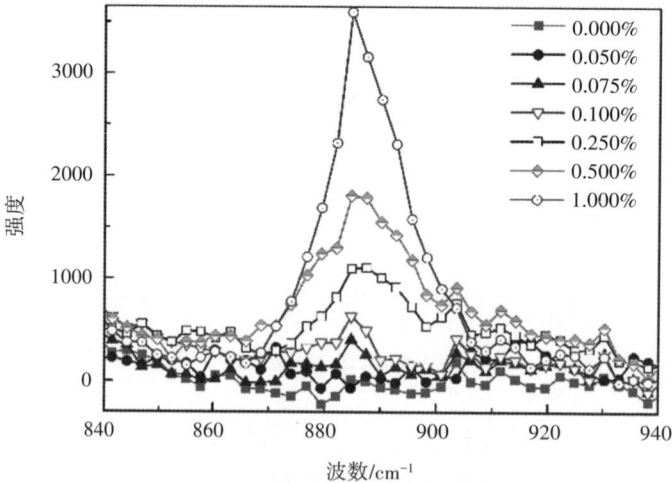

（b）体积分数从 0 到 1%

图 6.12　不同浓度酒精溶液的拉曼谱和体积分数从 0 到 1%范围低浓度溶液在 884 cm⁻¹ 处的特征峰强度

图 6.12(a) 给出了酒精体积分数从 0％到 25％的拉曼光谱曲线变化，从图中可观察到乙醇的几个典型峰 884，1055，1090，1280，1452 cm⁻¹。因为研究的最终目的是测量 NCF 基拉曼传感系统的检测极限，所以，以乙醇在 884 cm⁻¹ 处的特征峰为参考，图 6.12(b)给出了一系列低浓度时的拉曼峰在 884 cm⁻¹ 处的强度曲线，由图可见，检测极限可达到 0.075 vol.％，远远低于布拉氏酵母菌生长受限时的酒精浓度，因此可以应用所设计的系统实现在微生物发酵过程中的实时检测。

此外，峰的强度随着浓度的增加存在线性关系。特征峰 884 cm⁻¹ 处的峰值强度与酒精溶液浓度的关系如图 6.13 所示，通过线性拟合，可得到两者之间具有很好的线性度。强度（I）和浓度（C，体积分数）的依赖关系近似为 $I = 2375.2732C + 968.75948$，$R^2$ 为 0.99905。在实际检测过程中，可以通过测到的拉曼光谱特征峰的强度并结合线性拟合曲线来反向推测分析物溶液的浓度和组成，在物质检测方面具有极大的潜力。

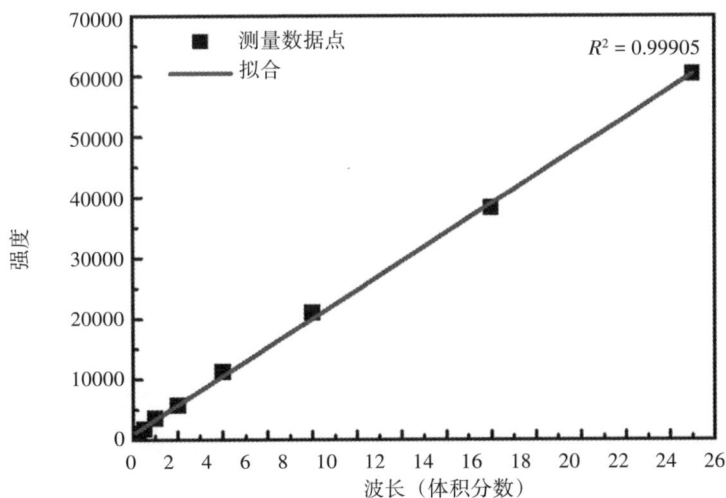

图 6.13　酒精溶液浓度和拉曼特征峰强度的线性拟合曲线

▶▶ 6.4　本章小结

　　本章系统研究了基于拉曼散射效应的负曲率空芯微结构光纤的传感特性。首先在理论上模拟仿真了新型空芯微结构光纤的基本光学特性和传输特性，得到了该光纤具有从可见光到近红外波段的超宽带低损耗传输特性，同时，这种新型光纤的结构简单，相比于传统的光子带隙型微结构光纤更容易拉制。由于光纤是根据反谐振反射型微结构光纤原理导光的，向光纤中填充任何折射率比石英低的液体都能保证纤芯对光的良好限制能力。然后，采用一种有效的数值近似方法分析和比较了前向散射收集方式和后向散射收集方式对信号接收效率的高低和强弱，得到了利用后向散射收集方式能够获得更高的拉曼散射信号强度的结论。同时，通过不断的尝试和优化，在实验中成功搭建了 NCF 基拉曼检测平台，并用该检测系统依次测量了 O_2、N_2 和三种有机溶剂的拉曼光谱，实现了对分析物的定性分析。在定量检测方面，得出甲醇、乙醇和异丙醇按 1：1：1 比例混合物的拉曼峰强度与每个单独的 100％纯溶剂的拉曼峰强度的 1/3 是基本一致的。此外，测量了一系列较低浓度酒精溶液的拉曼光谱曲线，可检测酒精溶液的体积分数低至 0.075％，具有很高的检测灵敏度；得到了拉曼峰强度与溶液浓度间具有极高的线性拟合度。这些优良的结果不仅能够用于葡萄酒和微生物的发酵工艺，更在布拉氏酵母菌的繁殖过程中，在对低浓度酒精溶液的实时检测方面体现了前所未有的前景。

参考文献

[1] KAISER P, ASTLE H W. Low-loss single-material fibers made from pure fused silica[J]. Bell system technical journal, 1974, 53(6): 1021-1039.

[2] MATSUOKA T, OKAMOTO H, NAKAO M, et al. Optical bandgap energy of wurtzite InN[J]. Applied physics letters, 2002, 81(7): 1246-1248.

[3] KNIGHT J C, BIRKS T A, RUSSELL P S J, et al. All-silica single-mode optical fiber with photonic crystal cladding[J]. Optics letters, 1996, 21(19): 1547-1549.

[4] CREGAN R F, MANGAN B J, KNIGHT J C, et al. Single-mode photonic and gap guidance of light in air[J]. Science, 1999, 285(5433): 1537-1539.

[5] MICHIELETTO M, LYNGSØ J K, JAKOBSEN C, et al. Hollow-core fibers for high power pulse delivery[J]. Optics express, 2016, 24(7): 7103-7119.

[6] MONRO T M, BENNETT P J, BRODERICK N G R, et al. Holey fibers with random cladding distributions[J]. Optics letters, 2000, 25(4): 206-208.

[7] BIRKS T A, KNIGHT J C, RUSSELL P S J. Endlessly single-mode photonic crystal fiber [J]. Optics letters, 1997, 22(13): 961-963.

[8] KUHLMEY B T, MCPHEDRAN R C, MARTIJN D C. Modal cutoff in microstructured optical fibers[J]. Optics letters, 2002, 27(19): 1684-1686.

[9] MORTENSEN N A, FOLKENBERG J R, NIELSEN M D, et al. Modal cut-off and the V parameter in photonic crystal fibers[J]. Optics letters, 2003, 28(20): 1879-1881.

[10] 王朝晋, 贺庆丽, 王若晖, 等. 单偏振单模聚合物光子晶体光纤设计[J]. 应

用光学, 2011, 32(4): 749-752.

[11] ORTIGOSA-BLANCH A, KNIGHT J C, WADSWORTH W J, et al. Highly birefringent photonic crystal fibers[J]. Optics letters, 2000, 25(18): 1325-1327.

[12] 张美艳, 李曙光, 姚艳艳, 等. 微结构纤芯对光子晶体光纤基本特性的影响[J]. 物理学报, 2010, 59(5): 3278-3285.

[13] LIBORI S B, BROENG J, KNUDSEN E, et al. High-birefringent photonic crystal fiber[C] //OFC 2001. Optical Fiber Communication Conference and Exhibit. Technical Digest Postconference Edition (IEEE Cat. 01CH37171). Piscataway: IEEE, 2001.

[14] HANSEN T P, BROENG J, LIBORI S E B, et al. Highly birefringent index-guiding photonic crystal fibers[J]. IEEE photonics technology letters, 2001, 13(6): 588-590.

[15] KAKARANTZAS G, ORTIGOSA-BLANCH A, BIRKS T A, et al. Structural rocking filters in highly birefringent photonic crystal fiber[J]. Optics letters, 2003, 28(3): 158-160.

[16] XU Q, MIAO R, ZHANG Y. Highly nonlinear low-dispersion photonic crystal fiber with high birefringence for four-wave mixing[J]. Optical materials, 2012, 35(2): 217-221.

[17] RANKA J K, WINDELER R S, STENTZ A J. Visible continuum generation in air-silica microstructure optical fibers with anomalous dispersion at 800 nm[J]. Optics letters, 2000, 25(1): 25-27.

[18] KNIGHT J C, ARRIAGA J, BIRKS T A, et al. Anomalous dispersion in photonic crystal fiber[J]. IEEE photonics technology letters, 2000, 12(7): 807-809.

[19] JASAPARA J, BISE R, HER T, et al. Effect of mode cut-off on dispersion in photonic bandgap fibers [C] //Optical Fiber Communication Conference.

New York: Optical Society of America, 2003.

[20] SAITOH K, KOSHIBA M, HASEGAWA T, et al. Chromatic dispersion control in photonic crystal fibers: application to ultra-flattened dispersion [J]. Optics express, 2003, 11(8): 843-852.

[21] LOU S Q, ZHI W, REN G B, et al. Polarization-maintaining photonic crystal fibre[J]. Chinese physics, 2004, 13(7): 1052-1058.

[22] BRODERICK N G R, MONRO T M, BENNETT P J, et al. Nonlinearity in holey optical fibers: measurement and future opportunities[J]. Optics letters, 1999, 24(20): 1395-1397.

[23] KUMAR P B, MD A K, SUJAN C, et al. Chalcogenide Embedded Quasi photonic crystal fiber for Nonlinear optical applications[J]. Ceramics international, 2018, 44(15): 18955-18959.

[24] KNIGHT J C, BIRKS T A, CREGAN R F, et al. Large mode area photonic crystal fibre[J]. Electronics letters, 1998, 34(13): 1347-1348.

[25] KNIGHT J C, BIRKS T A, CREGAN R F, et al. Photonic crystals as optical fibres-physics and applications[J]. Optical materials, 1999, 11(2-3): 143-151.

[26] WHITE T P, MCPHEDRAN R C, STERKE C M D, et al. Confinement losses in microstructured optical fibers[J]. Optics letters, 2001, 26(21): 1660-1662.

[27] KUHLMEY B, RENVERSEZ G, MAYSTRE D. Chromatic dispersion and losses of microstructured optical fibers[J]. Applied optics, 2003, 42(4): 634-639.

[28] RUSSELL P. Photonic crystal fibers[J]. Science, 2003, 299(5605): 358-362.

[29] CHOW D M, SANDOGHCHI S R, ADIKAN F R M. Fabrication of photonic crystal fibers [C] //2012 IEEE 3rd International Conference on Photonics. Piscataway: IEEE, 2012: 227-230.

[30] KIANG K M, FRAMPTON K, Monro T M, et al. Extruded single mode non-silica glass holey optical fibres[J]. Electronics letters, 2002, 38(12): 546-547.

［31］ KUMAR V V R, GEORGE A K, REEVES W H, et al. Extruded soft glass photonic crystal fiber for ultrabroad supercontinuum generation［J］. Optics express, 2002, 10(25): 1520-1525.

［32］ TSIMINIS G, ROWLAND K J, EBENDORFF - HEIDEPRIEM H, et al. Extruded single ring hollow core optical fibers for Raman sensing［C］//23rd International Conference on Optical Fibre Sensors. Bellingham: International Society for Optics and Photonics, 2014, 9157: 915782.

［33］ YABLONOVITCH E, GMITTER T J, LEUNG K M. Photonic band structure: The face-centered-cubic case employing nonspherical atoms［J］. Physical review letters, 1991, 67(17): 2295.

［34］ FENG X, ARSHAD K, MAIRAJ A K, et al. Nonsilica glasses for holey fibers ［J］. Journal of lightwave technology, 2005, 23(6): 2046.

［35］ FALKENSTEIN P, MERRITT C D, JUSTUS B L. Fused preforms for the fabrication of photonic crystal fibers［J］. Optics letters, 2004, 29(16): 1858-1860.

［36］ BISE R T, TREVOR D J. Sol-gel derived microstructured fiber: fabrication and characterization［C］//Optical Fiber Communication Conference. New York: Optical Society of America, 2005.

［37］ WANG L, ZHANG Y, REN L, et al. A new approach to mass fabrication technology of microstructured polymer optical fiber preform［J］. Chinese optics letters, 2005, 3(101): S94-S95.

［38］ ZHANG Y, LI K, WANG L, et al. Casting preforms for microstructured polymer optical fibre fabrication［J］. Optics express, 2006, 14(12): 5541-5547.

［39］ OTHONOS A, KALLI K, KOHNKE G. Fiber bragg grating: fundam - entals and applications in telecommunications and sensing［J］. Physics today, 2000, 53(5): 61-62.

［40］ KHETANI A, TIWARI V S, HARB A, et al. Monitoring of heparin concentration in serum by Raman spectroscopy within hollow core photonic crystal fiber[J]. Optics express, 2011, 19(16): 15244-15254.

[41] XIAO L, JIN W, DEMOKAN M S, et al. Fabrication of selective injection microstructured optical fibers with a conventional fusion splicer[J]. Optics express, 2005, 13(22): 9014-9022.

[42] DE MATOS C J D, CORDEIRO C M, DOS SANTOS E M, et al. liquid-core, Liquid - cladding photonic crystal fibers[J]. Optics express, 2007, 15(18): 11207-11212.

[43] CORDEIRO C M B, DOS SANTOS E M, CRUZ C H B, et al. Lateral access to the holes of photonic crystal fibers-selective filling and sensing applications [J]. Optics express, 2006, 14(18): 8403-8412.

[44] WANG Y, LIAO C R, WANG D N. Femtosecond laser-assisted selective infil-tration of microstructured optical fibers[J]. Optics express, 2010, 18(17): 18056-18060.

[45] MAO D, GUAN C, YUAN L B. Polarization splitter based on interference effects in all - solid photonic crystal fibers[J]. Applied optics, 2010, 49(19): 3748-3752.

[46] SUN B, CHEN M Y, ZHOU J, et al. Surface plasmon induced polarization splitting based on dual-core photonic crystal fiber with metal wire[J]. Plas-monics, 2013, 8(2): 1253-1258.

[47] KHALEQUE A, HATTORI H T. Ultra - broadband and compact polarization splitter based on gold filled dual - core photonic crystal fiber[J]. Journal of applied physics, 2015, 118(14): 143101.

[48] CHEN H L, LI S G, FAN Z K, et al. A novel polarization splitter based on dual - core photonic crystal fiber with a liquid crystal modulation core[J]. IEEE photonics journal, 2014, 6(4): 1-9.

[49] WANG J, PEI L, WENG S, et al. A tunable polarization beam splitter based

on magnetic fluids-filled dual-core photonic crystal fiber[J]. IEEE photonics journal, 2017, 9(1): 1-10.

[50] SCHMIDT M A, SEMPERE L N P, TYAGI H K, et al. Waveguiding and plasmon resonances in two-dimensional photonic lattices of gold and silver nanowires[J]. Physical review B, 2008, 77(3): 033417.

[51] LEE H W, SCHMIDT M A, TYAGI H K, et al. Polarization-dependent coupling to plasmon modes on submicron gold wire in photonic crystal fiber [J]. Applied physics letters, 2008, 93(11): 111102.

[52] LEE H W, SCHMIDT M A, RUSSELL R F, et al. Pressure-assisted melt-filling and optical characterization of Au nano-wires in microstructured fibers [J]. Optics express, 2011, 19(13): 12180-12189.

[53] NAGASAKI A, SAITOH K, KOSHIBA M. Polarization characteristics of photonic crystal fibers selectively filled with metal wires into cladding air holes[J]. Optics express, 2011, 19(4): 3799-3808.

[54] XUE J R, LI S G, XIAO Y, et al. Polarization filter characters of the gold-coated and the liquid filled photonic crystal fiber based on surface plasmon resonance[J]. Optics express, 2013, 21(11): 13733-13740.

[55] CHEN H L, LI S, MA M, et al. Filtering characteristics and applications of photonic crystal fibers being selectively infiltrated with one aluminum rod [J]. Journal of lightwave technology, 2016, 34(21): 4972-4980.

[56] YANG X, LU Y, LIU B, et al. Design of a tunable single-polarization photonic crystal fiber filter with silver-coated and liquid-filled air holes[J]. IEEE photonics journal, 2017, 9(4): 1-8.

[57] ZOGRAFOPOULOS D C, KRIEZIS E E. Tunable polarization properties of hybrid-guiding liquid-crystal photonic crystal fibers[J]. Journal of lightwave technology, 2009, 27(6): 773-779.

[58] GUO J, LIU Y G, WANG Z, et al. Tunable fiber polarizing filter based on a

single‐hole‐infiltrated polarization maintaining photonic crystal fiber[J]. Optics express, 2014, 22(7): 7607-7616.

[59] AHMED K, PAUL B K, JABIN M A, et al. FEM analysis of birefringence, dispersion and nonlinearity of graphene coated photonic crystal fiber[J]. Ceramics international, 2019, 45(12): 15343-15347.

[60] EGGLETON B J, KERBAGE C, WESTBROOK P S, et al. Microstructured optical fiber devices[J]. Optics express, 2001, 9(13): 698-713.

[61] HE Z, ZHU Y, DU H. Long‐period gratings inscribed in air‐and water‐filled photonic crystal fiber for refractometric sensing of aqueous solution [J]. Applied physics letters, 2008, 92(4): 44105.

[62] HOO Y L, JIN W, HO H L, et al. Evanescent‐wave gas sensing using microstructure fiber[J]. Optical engineering, 2002, 41(1): 8-9.

[63] FINI J M. Microstructure fibres for optical sensing in gases and liquids[J]. Measurement science and technology, 2004, 15(6): 1120-1128.

[64] YU Y, LI X, HONG X, et al. Some features of the photonic crystal fiber temperature sensor with liquid ethanol filling[J]. Optics express, 2010, 18(15): 15383-15388.

[65] NAEEM K, KIM B H, KIM B, et al. High‐sensitivity temperature sensor based on a selectively‐polymer‐filled two‐core photonic crystal fiber in‐line interferometer[J]. IEEE sensors journal, 2015, 15(7): 3998-4003.

[66] CANDIANI A, ARGYROS A, LEON-SAVAL S G, et al. A loss-based, magnetic field sensor implemented in a ferrofluid infiltrated microstructured polymer optical fiber[J]. Applied physics letters, 2014, 104(11): 111106.

[67] HASSANI A, SKOROBOGATIY M. Photonic crystal fiber‐based plasmonic sensors for the detection of biolayer thickness[J]. Journal of the optical society of America B, 2009, 26(8): 1550-1557.

[68] TONG K, WANG F, WANG M, et al. D-shaped photonic crystal fiber biosen-

sor based on silver-graphene[J]. Optik, 2018, 168: 467-474.

[69] KONOROV S O, ADDISON C J, SCHULZE H G, et al. Hollow-core photonic crystal fiber-optic probes for Raman spectroscopy[J]. Optics letters, 2006, 31 (12): 1911-1913.

[70] YAN H, GU C, YANG C, et al. Hollow core photonic crystal fiber surface-enhanced Raman probe[J]. Applied physics letters, 2006, 89(20): 204101.

[71] ZHANG Y, SHI C, GU C, et al. Liquid core photonic crystal fiber sensor based on surface enhanced Raman scattering [J]. Applied physics letters, 2007, 90(19): 193504.

[72] NAJI M, KHETANI A, LAGALI N, et al. A novel method of using hollow-core photonic crystal fiber as a Raman biosensor[C] // Nanoscale imaging, sensing, and actuation for biomedical applications V. Bellingham: International Society for Optics and Photonics, 2008.

[73] YANG X, BOND T C, ZHANG J Z, et al. photonics crystal fiber Raman sensors[C] // Information optics and optical data storage II. Bellingham: International Society for Optics and Photonics, 2012.

[74] KHETANI A, MOMENPOUR A, ALARCON E I, et al. Hollow core photonic crystal fiber for monitoring leukemia cells using surface enhanced Raman scattering (SERS)[J]. Biomedical optics express, 2015, 6(11): 4599-4609.

[75] TSIMINIS G, ROWLAND K J, SCHARTNER E P, et al. Single-ring hollow core optical fibers made by glass billet extrusion for Raman sensing[J]. Optics express, 2016, 24(6): 5911-5917.

[76] LIU Y, WANG J, LI Z, et al. Enhanced Raman detection system based on a hollow-core fiber probe design[J]. IEEE sensors journal, 2019, 19(2): 560-566.

[77] 钱文文. 光子晶体光纤偏振特性及其应用[D]. 杭州: 中国计量学院, 2013.

[78] POLI F, CUCINOTTA A, SELLERI S. photonic crystal fibers: properties and

applications[M]. Springer & Business Media Science, 2007.

[79] CHAUDHARY L, JB A, PUROHIT H. Photonic crystal fibre: developments, properties and applications in optical fiber communication[J]. International journal for research in applied science & engineering technology, 2017, 5: 1828-1832.

[80] MANGAN B, FARR L, LANGFORD A, et al. Low loss (1.7 dB/km)hollow core photonic bandgap fiber[C] // Optical Fiber Communication Conference. New York: Optical Society of America, 2004.

[81] BENABID F, KNIGHT J C, ANTONOPOULOS G, et al. Stimulated Raman scattering in hydrogen-filled hollow-core photonic crystal fiber[J]. Science, 2002, 298(5592): 399-402.

[82] DEBORD B, ALHARBI M, BRADLEY T, et al. Hypocycloid-shaped hollow-core photonic crystal fiber Part I: Arc curvature effect on confinement loss [J]. Optics express, 2013, 21(23): 28597-28608.

[83] WANG Y Y, COUNY F, ROBERTS P J, et al. Low loss broadband transmission in optimized coreshape kagome hollow-core PCF[C] // Conference on Lasers and Electro-optics. New York: Optical Society of America, 2010.

[84] WANG Y Y, WHEELER N V, COUNY F, et al. Low loss broadband transmission in hypocycloid-core kagome hollow-core photonic crystal fiber[J]. Optics letters, 2011, 36(5): 669-671.

[85] VINCETTI L, SETTI V. Waveguiding mechanism in tube lattice fibers[J]. Optics express, 2010, 18(22): 23133-23146.

[86] PRYAMIKOV A D, BIRIUKOV A S, KOSOLAPOV A F, et al. Demonstration of a waveguide regime for a silica hollow-core microstructured optical fiber with a negative curvature of the core boundary in the spectral region>3.5 μm [J]. Optics express, 2011, 19(2): 1441-1448.

[87] KOLYADIN A N, KOSOLAPOV A F, PRYAMIKOV A D, et al. Light trans-

mission in negative curvature hollow core fiber in extremely high material loss region[J]. Optics express, 2013, 21(8): 9514-9519.

[88] BELARDI W. Design and properties of hollow antiresonant fibers for the visible and near infrared spectral range [J]. Journal of lightwave technology, 2015, 33(21): 4497-4503.

[89] BRADLEY T D. Antiresonant hollow core fibre with 0.65 dB/km attenuation across the C and L telecommunication bands [C] // In Proceedings Europe conference Optics Communications. Netherlands: Optics Communication, 2019.

[90] YU F, WADSWORTH W J, KNIGHT J C. Low loss silica hollow core fibers for 3-4 μm spectral region[J]. Optics express, 2012, 20(10): 11153-11158.

[91] LITCHINITSER N M, ABEELUCK A K, HEADLEY C, et al. Antiresonant reflecting photonic crystal optical waveguides [J]. Optics letters, 2002, 27 (18): 1592-1594.

[92] DIAMENT P. Wave transmission and fiber optics[M]. New York: Macmillan, 1990.

[93] ADAMS M J. Optical waveguide theory[J]. Optical and quantum electronics, 1984, 31(5): 497.

[94] QIU M. Analysis of guided modes in photonic crystal fibers using the finite-difference time-domain method[J]. Microwave and optical technology letters, 2001, 30(5): 327-330.

[95] DANNER A J. An introduction to the plane wave expansion method for calculating photonic crystal band diagrams[J]. University of illinois, 2002(2): 1-17.

[96] WHITE T P, KUHLMEY B T, MCPHEDRAN R C, et al. Multipole method for microstructured optical fibers. I. Formulation[J]. Journal of the optical of America B, 2002, 19(10): 2322-2330.

[97] KUHLMEY B T, WHITE T P, RENVERSEZ G, et al. Multipole method for

microstructured optical fibers. II. Implementation and results[J]. Journal of the optical of America B, 2002, 19(10): 2331-2340.

[98] ARNUSH D. Underwater light-beam propagation in the small-angle-scattering approximation[J]. Journal of the optical of America, 1972, 62(9): 1109-1111.

[99] BIRKST T A, MOGILEVTSEV D, KNIGHT J C, et al. The analogy between photonic crystal fibres and step index fibres[C] // Optical Fiber Communication Conference. New York: Optical Society of America, 1999.

[100] JIN J M. The finite element method in electromagnetics[M]. New York: John Wiley & Sons, 2002.

[101] YARIV A. Coupled-mode theory for guided-wave optics[J]. IEEE journal of quantum electronics, 1973, 9(9): 919-933.

[102] MARCUSE D M. Theory of dielectric optical wave guides[J]. Optica acta international journal of optics, 1992, 39(4): 901-901.

[103] 钱景仁. 模式耦合理论及其在光纤光学中的应用[J]. 光学学报, 2009, 29(5): 1188-1192.

[104] QIAN J. Generalised coupled-mode equations and their applications to fibre couplers[J]. Electronics letters, 1986, 22(6): 304-306.

[105] 郁道银, 谈恒英. 工程光学[M]. 2版. 北京: 机械工业出版社, 2006.

[106] MAIER S A. Plasmonics: Fundamentals and applications[M]. New York: Springer Science & Business Media, 2007.

[107] 彭杨. 表面等离子体共振技术及其在光子晶体光纤传感中的应用研究[D]. 长沙: 国防科学技术大学, 2012.

[108] RAMAN C V. A change of wave-length in light scattering[J]. Nature, 1928, 121(3051): 619.

[109] YANG R, LIU S P. Development of some molecular spectral analytical methods for the determination of proteins[J]. Chinese journal of analytieal

chemistry, 2001, 29(2): 238-241.

[110] PENG G D, TJUGIARTO T, CHU P L. Polarisation beam splitting using twin-elliptic-core optical fibres[J]. Electronics letters, 1990, 26(10): 682-683.

[111] SAITOH K, SATO Y, KOSHIBA M. Polarization splitter in three-core photonic crystal fibers[J]. Optics express, 2004, 12(17): 3940-3946.

[112] ZHANG L, YANG C. Polarization splitter based on photonic crystal fibers [J]. Optics express, 2003, 11(9): 1015-1020.

[113] CHIANG J S, WU T L. Analysis of propagation characteristics for an octagonal photonic crystal fiber (O-PCF)[J]. Optics communications, 2006, 258(2): 170-176.

[114] FLEMING J W. Dispersion in GeO_2-SiO_2 glasses[J]. Applied optics, 1984, 23(24): 4486.

[115] SAITOH K, KOSHIBA M. Single-polarization single-mode photonic crystal fibers[J]. IEEE photonics technology letters, 2003, 15(10): 1384-1386.

[116] HAMEED M F O, OBAYYA S S A. Coupling characteristics of dual liquid crystal core soft glass photonic crystal fiber[J]. IEEE journal of quantum electronics, 2011, 47(10): 1283-1290.

[117] FORBER R, MAROM E. Symmetric directional coupler switches[J]. IEEE journal of quantum electronics, 1986, 22(6): 911-919.

[118] LI J, DUAN K, WANG Y, et al. Design of a single-polarization single-mode photonic crystal fiber double-core coupler[J]. Optik, 2009, 120(10): 490-496.

[119] SAITOH K, SATO Y, KOSHIBA M. Coupling characteristics of dual-core photonic crystal fiber couplers[J]. Optics express, 2003, 11(24): 3188-3195.

[120] ZI J C, LI S, ZHANG W, et al. Polarization filter characteristics of square lattice photonic crystal fiber with a large diameter gold-coated air hole[J].

Plasmonics, 2015, 10(6): 1499-1504.

[121] JORGENSON R C, YEE S S. A fiber-optic chemical sensor based on surface plasmon resonance [J]. Sensors and actuators B: Chemical, 1993, 12 (3): 213-220.

[122] ZHANG X, WANG R, COX F M, et al. Selective coating of holes in microstructured optical fiber and its application to in-fiber absorptive polarizers [J]. Optics express, 2007, 15(24): 16270-16278.

[123] TYAGI H K, LEE H W, UEBEL P, et al. Plasmon resonances on gold nanowires directly drawn in a step-index fiber [J]. Optics letters, 2010, 35 (15): 2573-2575.

[124] VIAL A, GRIMAULT A S, MACÍAS D, et al. Improved analytical fit of gold dispersion: Application to the modeling of extinction spectra with a finite-difference time-domain method [J]. Physical review B, 2005, 71(8): 85416.

[125] GHOSH G. Sellmeier coefficients and chromatic dispersions for some tellurite glasses [J]. Journal of the American ceramic society, 1995, 78(10): 2828-2830.

[126] CHEN H, LI S, CHENG T. Polarization splitter based on three-core photonic crystal fiber with rectangle lattice [J]. Journal of modern optics, 2014, 61 (20): 1696-1701.

[127] CHIANG J S, SUN N H, LIN S C, et al. Analysis of an ultrashort PCF-based polarization splitter [J]. Journal of lightwave technology, 2010, 28(5): 707-713.

[128] LIU S, LI S G, YIN G B, et al. A novel polarization splitter in ZnTe tellurite glass three-core photonic crystal fiber [J]. Optics communications, 2012, 285 (6): 1097-1102.

[129] XU Z, LI X, LING W, et al. Design of short polarization splitter based on dual

-core photonic crystal fiber with ultra-high extinction ratio[J]. Optics communications, 2015, 354: 314-320.

[130] XU Q, LUO W, LI K, et al. Design of polarization splitter via liquid and Ti infiltrated photonic crystal fiber[J]. Crystals, 2019, 9(2): 103.

[131] HEIKAL A M, HUSSAIN F F K, HAMEED M F O, et al. Efficient polarization filter design based on plasmonic photonic crystal fiber[J]. Journal of lightwave technology, 2015, 33(13): 2868-2875.

[132] LIU Q, LI S, LI J, et al. Tunable fiber polarization filter by filling different index liquids and gold wire into photonic crystal fiber[J]. Journal of lightwave technology, 2016, 34(10): 2484-2490.

[133] LIU Y C, CHEN H, MA M, et al. Tunable ultra-broadband polarization filter based on three-core resonance of the fluid-infiltrated and gold-coated photonic crystal fiber [J]. Journal of physics D: applied physics, 2018, 51(12): 125101.

[134] ZHANG S H, LI J S, LI S G, et al. A tunable single-polarization photonic crystal fiber filter based on surface plasmon resonance[J]. Applied physics B, 2018, 124(6): 1-9.

[135] CHEN W, THORESON M D, ISHII S, et al. ultra-thin ultra-smooth and low-loss silver films on a germanium wetting layer[J]. Optics express, 2010, 18(5): 5124-5134.

[136] YAN H, WANG H, YANG D. Polarization filter characteristics of photonic crystal fiber based on surface plasmon resonance [C] // Conference on Lasers & Electro-Optics Pacific Rim. Piscataway: IEEE, 2017.

[137] YANG X, LU Y, LIU B, et al. Polarization characteristics of high-birefringence photonic crystal fiber selectively coated with silver layers[J]. Plasmonics, 2018, 13(3): 1035-1042.

[138] SHUAI B, XIA L, LIU D. Coexistence of positive and negative refractive

index sensitivity in the liquid-core photonic crystal fiber based plasmonic sensor[J]. Optics express, 2012, 20(23): 25858-25866.

[139] QIN W, LI S G, XUE J R, et al. Numerical analysis of a photonic crystal fiber based on two polarized modes for biosensing applications [J]. Chinese physics B, 2013, 22(7): 74213.

[140] DASH J N, JHA R. Graphene-based birefringent photonic crystal fiber sensor using surface plasmon resonance[J]. IEEE photonics technology letters, 2014, 26(11): 1092-1095.

[141] GAUVREAU B, HASSANI A, FEHRI M F, et al. Photonic bandgap fiber-based surface plasmon resonance sensors[J]. Optics express, 2007, 15(18): 11413-11426.

[142] CAI H, YU X, CHU Q, et al. Hollow-core fiber-based Raman probe extension kit for in situ and sensitive ultramicro-analysis[J]. Chinese optics letters, 2019, 17(11): 110601.

[143] MENEGHINI C, CARON S, POULIN A C J, et al. Determination of ethanol concentration by Raman spectroscopy in liquid-core microstructured optical fiber[J]. IEEE sensors journal, 2008, 8(7): 1250-1255.

[144] YANG X, ZHANG A Y, WHEELER D A, et al. Direct molecule-specific glucose detection by Raman spectroscopy based on photonic crystal fiber[J]. Analytical and bioanalytical chemistry, 2012, 402(2): 687-691.

[145] AZKUNE M, FROSCH T, ARROSPIDE E, et al. Liquid-core microstructured polymer optical fiber as fiber-enhanced Raman spectroscopy probe for glucose sensing[J]. Journal of lightwave technology, 2019, 37(13): 2981-2988.

[146] LIU X L, DING W, WANG Y Y, et al. Characterization of a liquid-filled Nodeless Anti-resonant fiber for Biochemical sensing [J]. Optics letters, 2017, 42(4): 863-866.

［147］ ALTKORN R, MALINSKY M D, VAN DUYNE R P, et al. Intensity consid-
erations in liquid core optical fiber Raman spectroscopy［J］. Applied spec-
troscopy, 2001, 55(4): 373-381.

［148］ WOJTANOWSKI J, MIERCZYK Z, ZYGMUNT M. Laser remote sensing
of underwater objects［C］// Remote sensing of the ocean, Sea Ice, and
Large Water Regions. Bellingham: International Society for Optics and Pho-
tonics, 2008.

［149］ 郑国斌, 俞学锋, 李知洪, 等. 一种布拉迪活性干酵母及生产方法:
CN103374531［P］. 2013-10-30.

［150］ SUTHERLAND G B B M. Experiments on the Raman effect at very low
temperatures［J］. Proceedings of the royal society A: mathematical, physical
and engineering science, 1933, 141(845): 535-549.

［151］ SCHRADER B, HOFFMANN A, KELLER S. Near-infrared fourier trans-
form Raman spectroscopy: Facing absorption and background［J］. Spectro-
chimica acta part a molecular spectroscopy, 1991, 47(9/10): 1135-1148.